工科高等数学
简明教程

冯青华 编

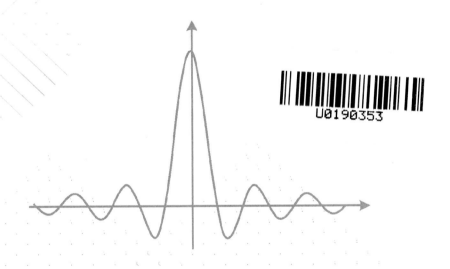

中国科学技术大学出版社

内 容 简 介

本书旨在为工科学生提供一个全面而深入的微积分学习路径,从基础的函数、导数、积分到微分方程,深入探讨其在实际应用中的重要性.通过直观的解释和实例分析,希望帮助读者逐步理解微积分的核心概念和方法,并领会其背后的美丽与力量.随着学习的深入,学生将发现微积分不仅是工程和科学的基础工具,还能开启探索世界的新视角.

图书在版编目(CIP)数据

工科高等数学简明教程 / 冯青华编. -- 合肥 : 中国科学技术大学出版社,2024.
12. -- ISBN 978-7-312-06169-1

Ⅰ. O13

中国国家版本馆 CIP 数据核字第 2024YN7372 号

工科高等数学简明教程

GONGKE GAODENG SHUXUE JIANMING JIAOCHENG

出版	中国科学技术大学出版社
	安徽省合肥市金寨路 96 号,230026
	http://press.ustc.edu.cn
	https://zgkxjsdxcbs.tmall.com
印刷	安徽国文彩印有限公司
发行	中国科学技术大学出版社
经销	全国新华书店
开本	787 mm×1092 mm 1/16
印张	10.25
字数	235 千
版次	2024 年 12 月第 1 版
印次	2024 年 12 月第 1 次印刷
定价	45.00 元

前　　言

在当今时代,随着科技的快速发展和高等教育的普及,对具备扎实数学基础和优秀解决问题能力的人才的需求日益增加.数学不仅是科学研究和技术进步的基石,更是培养精准逻辑思维和解决复杂问题能力的重要工具.因此,编者编写了这本旨在满足当代高等教育需要,并能有效提升学习者数学素质和能力的高等数学教材.本书专为高等院校工程技术、化学、生物等非数学专业的学生编写.编者的目标是使学习者能够充分掌握高等数学的基本思想、方法和应用,从而提高他们的数学素质和解决实际问题的能力.在编写过程中,遵循"应用为主、够用为度、学有所用、用有所学"的原则,力求使教材内容既科学又实用,同时富有启发性和趣味性.编者认为,逻辑推理是数学的核心,因此本书在介绍数学概念、性质与定理时,没有刻意淡化逻辑推理的难度.相反,希望通过充分的实例和练习,引导学生深入理解数学原理的逻辑基础,从而培养他们的逻辑思维和解决问题的能力.编者相信,通过这样的训练,学生可以更好地理解数学概念,更有效地应用数学方法解决跨学科的实际问题.本书特别注重实例的选取,不仅包含了经典的物理学案例,还涵盖了工程技术、化学、生物等领域的实际问题,旨在展示数学工具在各专业领域内的广泛应用,激发学生的学习兴趣和探索精神.

由于编者的知识和经验有限,书中难免存在不足之处,诚挚地希望读者能提供宝贵的反馈和建议,以便编者在未来能够不断改进和完善.在此,感谢所有在本书编写过程中提供帮助的同事、朋友和家人,以及所有参考文献的作者们.他们的贡献和支持是本书得以完成的重要基础.

编者衷心希望本书能够为学生们的学习之旅提供指导和帮助,激发他们对数学的热爱,培养他们面对未来挑战所需的知识和能力.

编　者

2024 年 6 月

目　　录

第1章　函数、极限与连续

高等数学的主要内容是微积分,微积分是以变量为研究对象,以极限方法为基本研究手段的数学的一个基础学科.本章首先复习函数相关内容,继而介绍极限的概念、性质、运算等知识,最后通过函数的极限引入函数的连续性概念,这些内容是学习高等数学课程极其重要的基础知识.

1.1　集合与函数

1.1.1　集合

1. 集合

讨论函数离不开集合的概念.一般地,我们把具有某种特定性质的事物或对象的总体称为**集合**,组成集合的事物或对象称为该集合的**元素**.

通常用大写字母 $A,B,C,\cdots$ 表示集合,用小写字母 $a,b,c,\cdots$ 表示集合的元素.

如果 a 是集合 A 的元素,则表示为 $a \in A$,读作"a 属于 A";如果 a 不是集合 A 的元素,则表示为 $a \notin A$,读作"a 不属于 A".

一个集合,如果它含有有限个元素,则称为有限集;如果它含有无限个元素,则称为**无限集**;如果它不含任何元素,则称为**空集**,记作 $\varnothing$.

集合的表示方法通常有两种:一种是列举法,即把集合的元素一一列举出来,并用"$\{\}$"括起来表示集合.例如,有 $1,2,3,4,5$ 组成的集合 A,可表示成

$$A = \{1,2,3,4,5\}$$

一种是描述法,即设集合 M 所有元素 x 的共同特征为 P,则集合 M 可表示为

$$M = \{x \mid x \text{ 具有性质 } P\}$$

例如,集合 A 是不等式 $x^2 - x - 2 < 0$ 的解集,就可以表示为

$$A = \{x \mid x^2 - x - 2 < 0\}$$

由实数组成的集合,称为数集,初等数学中常见的数集有:

(1) 全体非负整数组成的集合称为非负整数集(或自然数集),记作 $\mathbf{N}$,即

$$\mathbf{N} = \{0,1,2,3,\cdots,n,\cdots\}$$

(2) 所有正整数组成的集合称为正整数集,记作 $\mathbf{N}^+$,即

$$\mathbf{N}^+ = \{1,2,3,\cdots,n,\cdots\}$$

(3) 全体整数组成的集合称为整数集,记作 $\mathbf{Z}$,即

$$\mathbf{Z} = \{\cdots, -n, \cdots, -3, -2, -1, 0, 1, 2, 3, \cdots, n, \cdots\}$$

（4）全体有理数组成的集合称为有理数集，记作 **Q**，即

$$\mathbf{Q} = \left\{ \frac{p}{q} \,\middle|\, p \in \mathbf{Z}, q \in \mathbf{N}^+, 且\ p\ 与\ q\ 互质 \right\}$$

（5）全体实数组成的集合称为实数集，记作 **R**.

2. 区间与邻域

在初等数学中，常见的数集是区间. 设 $a, b \in \mathbf{R}$，且 $a < b$，则

① 开区间 $(a, b) = \{x \mid a < x < b\}$；

② 半开半闭区间 $[a, b) = \{x \mid a \leqslant x < b\}$；

③ 半开半闭区间 $(a, b] = \{x \mid a < x \leqslant b\}$；

④ 闭区间 $[a, b] = \{x \mid a \leqslant x \leqslant b\}$；

⑤ 无穷区间 $[a, +\infty) = \{x \mid x \geqslant a\}$；

⑥ 无穷区间 $(a, +\infty) = \{x \mid x > a\}$；

⑦ 无穷区间 $(-\infty, b] = \{x \mid x \leqslant b\}$；

⑧ 无穷区间 $(-\infty, b) = \{x \mid x < b\}$，$(-\infty, +\infty) = \{x \mid x \in \mathbf{R}\}$.

以上统称为区间，其中①～④称为有限区间，⑤～⑧称为无限区间. 在数轴上可以用图 1.1 表示.

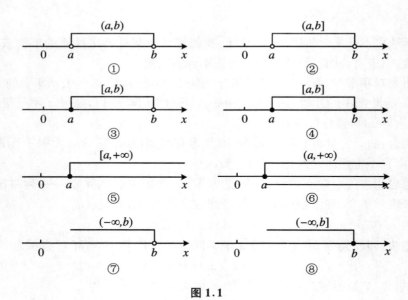

图 1.1

在微积分的概念中，有时需要考虑由某点 x_0 附近的所有点组成的集合，为此引入邻域的概念.

定义 1.1　设 δ 为某个正数，称开区间 $(x_0 - \delta, x_0 + \delta)$ 为点 x_0 的 δ 邻域，简称为点 x_0 的邻域，记作 $U(x_0, \delta)$，即

$$U(x_0, \delta) = \{x_0 \mid x_0 - \delta < x < x_0 + \delta\} = \{x \mid |x - x_0| < \delta\}$$

在此，点 x_0 称为邻域的中心，δ 称为邻域的半径，图形表示如图 1.2 所示.

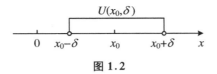

图 1.2

另外,点 x_0 的邻域去掉中心 x_0 后,称为点 x_0 的去心邻域,记作 $\mathring{U}(x_0,\delta)$,即
$$\mathring{U}(x_0,\delta) = \{x \mid 0 < \mid x - x_0 \mid < \delta\}$$
图形表示如图 1.3 所示.其中 $(x_0 - \delta, x_0)$ 称为点 x_0 的左邻域,$(x_0, x_0 + \delta)$ 称为点 x_0 的右邻域.

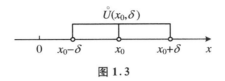

图 1.3

1.1.2　函数的概念

1. 函数的定义

定义 1.2　设 x, y 是两个变量,D 是给定的数集,如果对于每个 $x \in D$,通过对应法则 f,有唯一确定的 y 与之对应,则称 y 为是 x 的**函数**,记作 $y = f(x)$.其中 x 为自变量,y 为因变量,D 为定义域,函数值 $f(x)$ 的全体成为函数 f 的值域,记作 R_f,即
$$R_f = \{y \mid y = f(x)(x \in D)\}$$

函数的记号是可以任意选取的,除了用 f 外,还可用 g、F、φ 等表示.但在同一问题中,不同的函数应选用不同的记号.

函数的两要素　函数的定义域和对应关系为确定函数的两要素.

例 1.1　求函数 $y = \dfrac{1}{x} - \sqrt{1 - x^2}$ 的定义域.

解　$\dfrac{1}{x}$ 的定义区间满足:$x \neq 0$;$\sqrt{1 - x^2}$ 的定义区间满足:$1 - x^2 \geqslant 0$,解得 $-1 \leqslant x \leqslant 1$.

这两个函数定义区间的公共部分是
$$-1 \leqslant x < 0 \text{ 或 } 0 < x \leqslant 1$$
所以,所求函数定义域为 $[-1, 0) \cup (0, 1]$.

例 1.2　判断下列各组函数是否相同:

(1) $f(x) = 2\lg x, g(x) = \lg x^2$;

(2) $f(x) = \sqrt[3]{x^4 - x^3}, g(x) = x\sqrt[3]{x - 1}$;

(3) $f(x) = x, g(x) = \sqrt{x^2}$.

解　(1) $f(x) = 2\lg x$ 的定义域为 $x > 0$,$g(x) = \lg x^2$ 的定义域为 $x \neq 0$.两个函数定义域不同,所以 $f(x)$ 和 $g(x)$ 不相同.

(2) $f(x)$ 和 $g(x)$ 的定义域为一切实数.$f(x) = \sqrt[3]{x^4 - x^3} = x\sqrt[3]{x - 1} = g(x)$,所以 $f(x)$ 和 $g(x)$ 是相同函数.

(3) $f(x)=x$, $g(x)=\sqrt{x^2}=|x|$, 故两者对应关系不一致, 所以 $f(x)$ 和 $g(x)$ 不相同.

函数的表示法有表格法、图形法、解析法(公式法)三种. 常用的是图形法和公式法. 在此不再多做说明.

函数举例:

例 1.3　函数 $y=\operatorname{sgn}x=\begin{cases}-1 & (x<0) \\ 0 & (x=0) \\ 1 & (x>0)\end{cases}$, 函数为**符号函数**, 定义域为 **R**, 值域为 $\{-1,0,1\}$, 如图 1.4 所示.

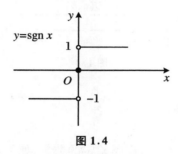

图 1.4

例 1.4　函数 $y=[x]$, 此函数为**取整函数**, 定义域为 **R**, 设 x 为任意实数, y 不超过 x 的最大整数, 值域为 **Z**, 如图 1.5 所示.

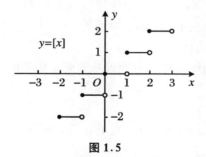

图 1.5

特别指出的是, 在高等数学中还出现另一类函数关系, 一个自变量 x 通过对于法则 f 有确定的 y 值与之对应, 但这个 y 值不总是唯一. 这个对应法则并不符合函数的定义, 习惯上我们称这样的对应法则确定了一个**多值函数**.

2. 函数的性质

设函数 $y=f(x)$, 定义域为 D, $I\subset D$.

(1) 函数的有界性

定义 1.3　若存在常数 $M>0$, 使得对每一个 $x\in I$, 有 $|f(x)|\leqslant M$, 则称函数 $f(x)$ 在 I 上有界.

若对任意 $M>0$, 总存在 $x_0\in I$, 使 $|f(x_0)|>M$, 则称函数 $f(x)$ 在 I 上无界, 如图 1.6 所示.

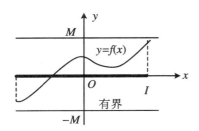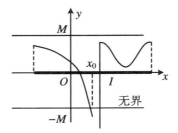

图 1.6

例如,函数 $f(x) = \sin x$ 在 $(-\infty, +\infty)$ 上是有界的: $|\sin x| \leqslant 1$. 函数 $f(x) = \dfrac{1}{x}$ 在 $(0,1)$ 内无上界,在 $(1,2)$ 内有界.

(2) 函数的单调性

设函数 $y = f(x)$ 在区间 I 上有定义, x_1 及 x_2 为区间 I 上任意两点,且 $x_1 < x_2$.如果恒有 $f(x_1) < f(x_2)$,则称 $f(x)$ 在 I 上是**单调增加**的;如果恒有 $f(x_1) > f(x_2)$,则称 $f(x)$ 在 I 上是**单调递减**的.单调增加和单调递减的函数统称为**单调函数**(图 1.7).

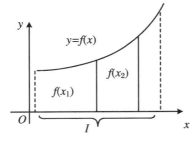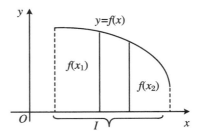

图 1.7

(3) 函数的奇偶性

设函数 $y = f(x)$ 的定义域 D 关于原点对称.如果在 D 上有 $f(-x) = f(x)$,则称 $f(x)$ 为**偶函数**;如果在 D 上有 $f(-x) = -f(x)$,则称 $f(x)$ 为**奇函数**.

例如,函数 $f(x) = x^2$,由于 $f(-x) = (-x)^2 = x^2 = f(x)$,所以 $f(x) = x^2$ 是偶函数;又如函数 $f(x) = x^3$,由于 $f(-x) = (-x)^3 = -x^3 = -f(x)$,所以 $f(x) = x^3$ 是奇函数,如图 1.8 所示.

从函数图形上看,偶函数的图形关于 y 轴对称,奇函数的图形关于原点对称.

(4) 函数的周期性

设函数 $y = f(x)$ 的定义域为 D.如果存在一个不为零的数 l,使得对于任意 $x \in D$ 有 $(x \pm l) \in D$,且 $f(x \pm l) = f(x)$,则称 $f(x)$ 为**周期函数**,l 称为 $f(x)$ 的周期.如果在函数 $f(x)$ 的所有正周期中存在一个最小的正数,则我们称这个正数为 $f(x)$ 的**最小正周期**.我们通常说的周期是指最小正周期.

例如,函数 $y = \sin x$ 和 $y = \cos x$ 是周期为 2π 的周期函数,函数 $y = \tan x$ 和 $y = \cot x$ 是周期为 π 的周期函数.

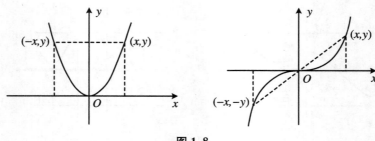

图 1.8

在此,需要指出的是某些周期函数不一定存在最小正周期.

例如,常量函数 $f(x)=C$,对任意实数 l,都有 $f(x+l)=f(x)$,故任意实数都是其周期,但它没有最小正周期.

又如,狄利克雷函数

$$D(x)=\begin{cases}1 & (x\in \mathbf{Q})\\ 0 & (x\in \mathbf{Q}^c)\end{cases}$$

当 $x\in \mathbf{Q}^c$ 时,对任意有理数 l,$x+l\in \mathbf{Q}^c$,必有 $D(x+l)=D(x)$,故任意有理数都是其周期,但它没有最小正周期.

1.1.3　反函数

在初等数学中的函数定义中,若函数 $f:D\rightarrow f(D)$ 为单射,存在 $f^{-1}:f(D)\rightarrow D$,称此对应法则 f^{-1} 为 f 的**反函数**.

习惯上,$y=f(x)(x\in D)$ 的反函数记作

$$y=f^{-1}(x)\quad (x\in f(D))$$

例如,指数函数 $y=\mathrm{e}^x(x\in(-\infty,+\infty))$ 的反函数为 $y=\ln x(x\in(0,+\infty))$,图像如图 1.9 所示.

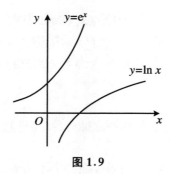

图 1.9

反函数的性质如下:

(1) 函数 $y=f(x)$ 单调递增(减),其反函数 $y=f^{-1}(x)$ 存在,且也单调递增(减).

(2) 函数 $y=f(x)$ 与其反函数 $y=f^{-1}(x)$ 的图形关于直线 $y=x$ 对称.

下面介绍几个常见的三角函数的反函数:

正弦函数 $y=\sin x$ 的反函数 $y=\arcsin x$,正切函数 $y=\tan x$ 的反函数 $y=\arctan x$.

反正弦函数 $y = \arcsin x$ 的定义域是 $[-1,1]$，值域是 $\left[-\dfrac{\pi}{2}, \dfrac{\pi}{2}\right]$；反正切函数 $y =$ $\arctan x$ 的定义域是 $(-\infty, +\infty)$，值域是 $\left(-\dfrac{\pi}{2}, \dfrac{\pi}{2}\right)$，如图 1.10 所示.

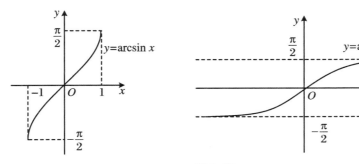

图 1.10

1.1.4　复合函数

定义 1.4　设函数 $y = f(u)(u \in D_f)$，函数 $u = g(x)(x \in D_g)$，值域 $R_g \subset D_f$，则
$$y = f(g(x)) \text{ 或 } y = (f \circ g)(x) \quad (x \in D_g)$$
称为由 $y = f(u)$，$u = g(x)$ 复合而成的复合函数，其中 u 为中间变量.

注　函数 g 与函数 f 构成复合函数 $f \circ g$ 的条件是 $R_g \subset D_f$，否则不能构成复合函数.

例如，函数 $y = \arcsin u(u \in [-1,1])$，$u = x^2 + 2(x \in \mathbf{R})$. 在形式上可以构成复合函数
$$y = \arcsin(x^2 + 2)$$
但是 $u = x^2 + 2$ 的值域为 $[2, +\infty) \not\subset [-1,1]$，故 $y = \arcsin(x^2 + 2)$ 没有意义.

在后面的微积分的学习中，也要掌握复合函数的分解，复合函数的分解原则：

从外向里，层层分解，直至最内层函数是基本初等函数或基本初等函数的四则运算.

例 1.5　对函数 $y = a^{\sin x}$ 进行分解.

解　$y = a^{\sin x}$ 由 $y = a^u$，$u = \sin x$ 复合而成.

例 1.6　对函数 $y = \sin^2(2x + 1)$ 进行分解.

解　$y = \sin^2(2x + 1)$ 由 $y = u^2$，$u = \sin v$，$v = 2x + 1$ 复合而成.

1.1.5　初等函数

在初等数学中我们已经接触过下面各类函数：

常数函数　$y = C(C \text{ 为常数})$；

幂函数　$y = x^{\alpha}(\alpha \neq 0)$；

指数函数　$y = a^x(a > 0 \text{ 且 } a \neq 1)$；

对数函数　$y = \log_a x(a > 0 \text{ 且 } a \neq 1)$；

三角函数　$y = \sin x$，$y = \cos x$，$y = \tan x$，$y = \cot x$，$y = \sec x$，$y = \csc x$；

反三角函数　$y = \arcsin x$，$y = \arccos x$，$y = \arctan x$，$y = \operatorname{arccot} x$.

这六种函数统称为**基本初等函数**.

定义 1.5　由基本初等函数经过有限次的四则运算和有限次的复合步骤所构成的并用一个式子表示的函数,称为**初等函数**.

例如,$y = e^{\sin x}$,$y = \sin(2x + 1)$,$y = \sqrt{\cot \dfrac{x}{2}}$ 等都是初等函数.

需要指出的是,在高等数学中遇到的函数一般都是初等函数,但是分段函数不是初等函数,因为分段函数一般都由几个解析式来表示.但是有的分段函数通过形式的转化,可以用一个式子表示,就是初等函数.例如,函数

$$y = \begin{cases} -x & (x < 0) \\ x & (x \geqslant 0) \end{cases}$$

可表示为 $y = \sqrt{x^2}$.

习　题　1.1

1. 求下列函数的定义域:

(1) $y = \sqrt{1 - x^2}$;　　　　　　　　　(2) $y = \dfrac{1}{1 + x} + \sqrt{4 - x^2}$;

(3) $y = \ln \dfrac{x - x^2}{2}$;　　　　　　　　(4) $y = \arcsin \dfrac{x - 3}{4}$.

2. 下列各题中,函数 $f(x)$ 和 $g(x)$ 是否相同,为什么?

(1) $f(x) = \lg x^2$,$g(x) = 2\lg x$;　　　(2) $f(x) = |x|$,$g(x) = \sqrt{x^2}$.

3. 已知 $f(x)$ 的定义域为 $[0,1]$,求下列函数的定义域:

(1) $f(x^2)$;　　　(2) $f(\tan x)$;　　　(3) $f(x + a) + f(x - a)(a > 0)$.

4. 设 $f(x + 1) = x^2 + 3x + 5$,求 $f(x)$,$f(x - 1)$.

5. 判断下列函数的奇偶性:

(1) $y = \sin x \cdot \tan x$;　　　　　　　(2) $y = \lg\left(x + \sqrt{x^2 + 1}\right)$.

6. 下列函数中哪些是周期函数? 如果是,确定其周期.

(1) $y = \sin(x + 1)$;　　　　　　　　(2) $y = \cos 2x$;

(3) $y = 1 + \sin \pi x$;　　　　　　　(4) $y = \cos^2 x$.

7. 求下列函数的反函数:

(1) $y = \sqrt[3]{x - 1}$;　　　　　　　　(2) $y = 1 + \lg(x + 2)$;

(3) $y = \dfrac{e^x}{1 + e^x}$;　　　　　　　　(4) $y = 2\sin \dfrac{x}{2}(x \in (-\pi, \pi))$.

8. 下列函数是由哪些函数复合而成的:

(1) $y = \sin(3x + 1)$;　　　　　　　(2) $y = \cos^3(1 + 2x)$.

1.2　极　　限

极限在高等数学中占有重要地位,微积分思想的构架就是用极限定义的.本节主要研究数列极限、函数极限的概念以及极限的有关性质等内容.

1.2.1　数列的极限

1. 数列的概念

定义 1.6　若按照一定的法则,有第一个数 a_1,第二个数 a_2,$\cdots$,依次排列下去,使得任何一个正整数 n 对应着一个确定的数 a_n,那么,我们称这列有次序的数 $a_1, a_2, \cdots$, $a_n, \cdots$ 为数列.数列中的每一个数叫作数列的项。第 n 项 a_n 叫作数列的**一般项或通项**.

例如:

$$\frac{1}{2}, \frac{1}{4}, \frac{1}{8}, \cdots, \frac{1}{2^n}, \cdots$$

$$1, -\frac{1}{2}, \frac{1}{3}, -\frac{1}{4}, \cdots, \frac{(-1)^{n-1}}{n}, \cdots$$

$$\frac{1}{2}, \frac{2}{3}, \frac{3}{4}, \cdots, \frac{n}{n+1}, \cdots$$

$$1, -1, 1, \cdots, (-1)^{n+1}, \cdots$$

都是数列,它们的一般项依次为

$$\frac{1}{2^n}, \quad \frac{(-1)^{n-1}}{n}, \quad \frac{n}{n+1}, \quad (-1)^{n+1}$$

我们可以看到,数列值 a_n 随着 n 变化而变化,因此可以把数列 $\{a_n\}$ 看作自变量为正整数 n 的函数,即

$$a_n = f(n) \quad (n \in \mathbf{N}^+)$$

另外,从几何的角度看,数列 $\{a_n\}$ 对应着数轴上一个点列,可看作一动点在数轴上依次取 $a_1, a_2, \cdots, a_n, \cdots$,在数轴上的表示如图 1.11 所示.

图 1.11

2. 数列极限的定义

数列极限的思想早在古代就已萌生,我国《庄子》一书中著名的"一尺之棰,日取其半,万世不竭",魏晋时期数学家刘徽在《九章算术注》中首创"割圆术",用圆内接多边形的面积去逼近圆的面积,都是极限思想的萌芽.

设有一圆,首先作圆内接正六边形,把它的面积记为 A_1;再作圆的内接正十二边形,其面积记为 A_2;再作圆的内接正二十四边形,其面积记为 A_3;依次进行下去,一般把内接正 $6 \times 2^{n-1}$ 边形的面积记为 A_n,可得一系列内接正多边形的面积:

$$A_1, A_2, A_3, \cdots, A_n, \cdots$$

它们就构成一列有序数列. 可以发现,当内接正多边形的边数无限增加时,A_n 也无限接近某一确定的数值(圆的面积),这个确定的数值在数学上被称为数列 $\{A_n\}$ 当 $n \to \infty$ 时的极限.

在上面的例子中,数列 $\left\{\dfrac{1}{2^n}\right\}$ 用图像表示如图 1.12 所示.

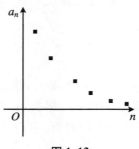

图 1.12

当 $n \to \infty$ 时,$\dfrac{1}{2^n}$ 无限接近于常数 0,则 0 就是数列 $\left\{\dfrac{1}{2^n}\right\}$ 当 $n \to \infty$ 时的极限.

再如数列 $\left\{\dfrac{n}{n+1}\right\}$:当 $n \to \infty$ 时,$\dfrac{n}{n+1}$ 无限接近于常数 1,则 1 就是数列 $\left\{\dfrac{n}{n+1}\right\}$ 当 $n \to \infty$ 时的极限;而数列 $\{(-1)^{n+1}\}$:当 $n \to \infty$ 时,$(-1)^{n+1}$ 在 1 和 -1 之间来回振荡,无法趋近一个确定的常数,故数列 $\{(-1)^{n+1}\}$ 当 $n \to \infty$ 时无极限. 由此推得数列的直观定义:

定义 1.7　设 $\{a_n\}$ 是一数列,a 是一常数. 当 n 无限增大时(即 $n \to \infty$),a_n 无限接近于 a,则称 a 为数列 $\{a_n\}$ 当 $n \to \infty$ 时的**极限**,记作

$$\lim_{n \to \infty} a_n = a \quad \text{或} \quad a_n \to a (n \to \infty)$$

在上例中,

$$\lim_{n \to \infty} \frac{1}{2^n} = 0, \quad \lim_{n \to \infty} \frac{n}{n+1} = 1, \quad \lim_{n \to \infty} \frac{(-1)^{n-1}}{n} = 0$$

对于数列 $\{a_n\}$,其极限为 a,即当 n 无限增大时,a_n 无限接近于 a. 如何度量 a_n 与 a 无限接近呢?

一般情况下,两个数之间的接近程度可以用这两个数之差的绝对值 $|b-a|$ 来度量,并且 $|b-a|$ 越小,表示 a 与 b 越接近.

例如,数列 $\left\{\dfrac{(-1)^{n-1}}{n}\right\}$,通过观察我们发现 $a_n = \dfrac{(-1)^{n-1}}{n}$ 当 n 无限增大时,a_n **无限接近** 0,即 0 是数列 a_n 当 $n \to \infty$ 时的极限. 下面通过距离来描述数列 $\{a_n\}$ 的极限为 0.

由于

$$|a_n - 0| = \left| \frac{(-1)^{n-1}}{n} \right| = \frac{1}{n}$$

当 n 越来越大时,$\dfrac{1}{n}$ 越来越小,从而 a_n 越来越接近于 0. 当 n 无限增大时,a_n 无限接近于 0.

例如,给定 $\dfrac{1}{100}$,要使 $\dfrac{1}{n} < \dfrac{1}{100}$,只要 $n > 100$ 即可. 也就是说从 101 项开始都能使

$$|a_n - 0| < \frac{1}{100}$$

成立.

给定 $\frac{1}{10000}$，要使 $\frac{1}{n} < \frac{1}{10000}$，只要 $n > 10000$ 即可. 也就是说从 10001 项开始都能使

$$|a_n - 0| < \frac{1}{10000}$$

成立.

一般地，不论给定的正数 ε 多么得小，总存在一个正整数 N，使得当 $n > N$ 时，不等式

$$|a_n - a| < \varepsilon$$

都成立. 这就是数列 $a_n = \frac{(-1)^{n-1}}{n}$ 当 $n \to \infty$ 时极限的实质.

根据这一特点得到数列极限的精确定义.

定义 1.8　设 $\{a_n\}$ 是一数列，a 是一常数. 如果对任意给定的正数 ε，总存在正整数 N，使得当 $n > N$ 时，不等式

$$|a_n - a| < \varepsilon$$

都成立，则称 a 是数列 $\{a_n\}$ 的**极限**，或称数列 $\{a_n\}$ 收敛于 a. 记作 $\lim\limits_{n \to \infty} a_n = a$.

反之，如果数列 $\{a_n\}$ 的极限不存在，则称数列 $\{a_n\}$ **发散**.

在上面的定义中，ε 可以任意给定，不等式 $|a_n - a| < \varepsilon$ 表达了 a_n 与 a 无限接近的程度. 此外 N 与 ε 有关，随着 ε 的给定而选定. $n > N$ 表示了从 $N+1$ 项开始满足不等式 $|a_n - a| < \varepsilon$.

对数列 $\{a_n\}$ 的极限为 a 也可以略写为

$$\lim\limits_{n \to \infty} a_n = a \iff \forall \varepsilon > 0, \exists N > 0, 当 n > N 时，有 |x_n - a| < \varepsilon$$

数列 $\{a_n\}$ 的极限为 a 的**几何解释**：

将常数 a 与数列 $a_1, a_2, \cdots, a_n, \cdots$ 在数轴上用对应的点表示出来，从 $N+1$ 项开始，数列 $\{a_n\}$ 的点都落在开区间 $(a - \varepsilon, a + \varepsilon)$ 内，而只有有限个（至多只有 N 个）在此区间以外（图 1.13）.

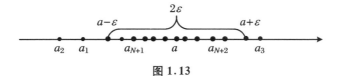

图 1.13

例 1.7　证明：数列极限 $\lim\limits_{n \to \infty} \dfrac{(-1)^{n-1}}{n} = 0$.

证明　由于

$$|a_n - a| = \left| \frac{(-1)^{n-1}}{n} - 0 \right| = \frac{1}{n}$$

对 $\forall \varepsilon > 0$，要使

$$\left| \frac{(-1)^{n-1}}{n} - 0 \right| < \varepsilon$$

即 $\frac{1}{n} < \varepsilon$，$n > \frac{1}{\varepsilon}$．取 $N = \left[\frac{1}{\varepsilon}\right]$，当 $n > N$ 时，有 $\left| \frac{(-1)^{n-1}}{n} - 0 \right| < \varepsilon$．由极限的定义知

$$\lim_{n \to \infty} \frac{(-1)^{n-1}}{n} = 0$$

例 1.8　证明：数列极限 $\lim\limits_{n \to \infty} \dfrac{3n+1}{2n+1} = \dfrac{3}{2}$．

证明　由于

$$|a_n - a| = \left| \frac{3n+1}{2n+1} - \frac{3}{2} \right| = \left| \frac{-1}{4n+2} \right| = \frac{1}{4n+2} < \frac{1}{4n}$$

对 $\forall \varepsilon > 0$，要使

$$\left| \frac{3n+1}{2n+1} - \frac{3}{2} \right| < \varepsilon$$

即 $\frac{1}{4n} < \varepsilon$，$n > \frac{1}{4\varepsilon}$．取 $N = \left[\frac{1}{4\varepsilon}\right]$，当 $n > N$ 时，有 $\left| \frac{3n+1}{2n+1} - \frac{3}{2} \right| < \varepsilon$．由极限的定义知

$$\lim_{n \to \infty} \frac{3n+1}{2n+1} = \frac{3}{2}$$

注　在利用数列极限的定义来证明数列的极限时，重要的是要指出对于任意给定的正数 ε，正整数 N 确实存在，没有必要非去寻找最小的 N．

例 1.9　证明：数列极限 $\lim\limits_{n \to \infty} \dfrac{1}{2^n} = 0$．

证明　由于

$$|a_n - a| = \left| \frac{1}{2^n} - 0 \right| = \frac{1}{2^n}$$

对 $\forall \varepsilon > 0 (\varepsilon < 1)$，要使

$$\left| \frac{1}{2^n} - 0 \right| < \varepsilon$$

即 $\frac{1}{2^n} < \varepsilon$，取对数得 $n > \frac{-\ln \varepsilon}{\ln 2}$．取 $N = \left[\frac{-\ln \varepsilon}{\ln 2}\right]$，当 $n > N$ 时，有 $\left| \frac{1}{2^n} - 0 \right| < \varepsilon$．由极限的定义知

$$\lim_{n \to \infty} \frac{1}{2^n} = 0$$

1.2.2　数列极限的性质

定理 1.1（极限的唯一性）　收敛数列的极限必唯一．

证明（反证法）　假设同时有 $\lim\limits_{n \to \infty} a_n = a$ 及 $\lim\limits_{n \to \infty} a_n = b$，且 $a \neq b$，不妨设 $a < b$．

按极限的定义，对于 $\varepsilon = \dfrac{b-a}{2} > 0$，由于 $\lim\limits_{n \to \infty} a_n = a$，存在充分大的正整数 N_1，使当 $n > N_1$ 时，有

$$|a_n - a| < \varepsilon = \frac{b-a}{2}$$

有

$$a_n < \frac{b+a}{2}$$

由于 $\lim\limits_{n\to\infty} a_n = b$，存在充分大的正整数 N_2，使当 $n > N_2$ 时，有

$$|a_n - b| < \varepsilon = \frac{b-a}{2}$$

有

$$\frac{a+b}{2} < a_n$$

取 $N = \max\{N_1, N_2\}$，则当 $n > N$ 时，同时有 $a_n < \frac{b+a}{2}$ 和 $\frac{a+b}{2} < a_n$ 成立，这是不可能的，故假设不成立. 收敛数列的极限必唯一.

定理 1.2（收敛数列的有界性）　如果数列 $\{a_n\}$ 收敛，那么它一定有界，即对于收敛数列 $\{a_n\}$，必存在正数 M，对一切 $n \in \mathbf{N}^+$，有 $|a_n| \leqslant M$.

证明　设 $\lim\limits_{n\to\infty} a_n = a$，根据数列极限的定义，取 $\varepsilon = 1$，存在正整数 N，当 $n > N$ 时，不等式

$$|a_n - a| < 1$$

都成立. 于是当 $n > N$ 时，

$$|a_n| = |a_n - a + a| < |a_n - a| + |a| < 1 + |a|$$

取 $M = \max\{|a_1|, |a_2|, \cdots, |a_N|, 1 + |a|\}$，那么数列 $\{a_n\}$ 中的一切 a_n 都满足不等式 $|a_n| \leqslant M$. 这就证明了数列 $\{a_n\}$ 是有界的.

定理 1.2 说明了收敛数列一定有界，反之不成立.

例如，数列 $\{(-1)^n\}$ 有界，但是不收敛.

定理 1.3（收敛数列的保号性）　如果 $\lim\limits_{n\to\infty} a_n = a$，且 $a > 0$（或 $a < 0$），那么存在正整数 N，当 $n > N$ 时，有 $a_n > 0$（或 $a_n < 0$）.

证明　就 $a > 0$ 的情形. 由数列极限的定义，对 $\varepsilon = \frac{a}{2} > 0$，$\exists N \in \mathbf{N}^+$，当 $n > N$ 时，有

$$\left| a_n - a \right| < \frac{a}{2}$$

从而

$$0 < \frac{a}{2} < a_n$$

推论 1.1　如果数列 $\{a_n\}$ 从某项起有 $a_n \geqslant 0$（或 $a_n \leqslant 0$），且 $\lim\limits_{n\to\infty} a_n = a$，那么 $a \geqslant 0$（或 $a \leqslant 0$）.

定理 1.4（夹逼准则）　如果数列 $\{a_n\}$，$\{b_n\}$ 及 $\{c_n\}$ 满足下列条件：

(1) $b_n \leqslant a_n \leqslant c_n\ (n = 1, 2, \cdots)$；

(2) $\lim\limits_{n\to\infty} b_n = a$，$\lim\limits_{n\to\infty} c_n = a$.

那么数列 $\{a_n\}$ 的极限存在，且 $\lim\limits_{n\to\infty} a_n = a$.

证明　因为 $\lim\limits_{n\to\infty} b_n = a$，$\lim\limits_{n\to\infty} c_n = a$，所以根据数列极限的定义，$\forall \varepsilon > 0$，$\exists N_1 > 0$，当

$n > N_1$ 时,有

$$a - \varepsilon < b_n < a + \varepsilon$$

又 $\exists N_2 > 0$,当 $n > N_2$ 时,有

$$a - \varepsilon < c_n < a + \varepsilon$$

现取 $N = \max\{N_1, N_2\}$,则当 $n > N$ 时,有

$$a - \varepsilon < b_n < a + \varepsilon, a - \varepsilon < c_n < a + \varepsilon$$

同时成立.又因 $b_n \leqslant a_n \leqslant c_n (n = 1, 2, \cdots)$,所以当 $n > N$ 时,有

$$a - \varepsilon < b_n \leqslant a_n \leqslant c_n < a + \varepsilon$$

即 $|a_n - a| < \varepsilon$.

这就证明了 $\lim\limits_{n \to \infty} a_n = a$.

例 1.10 求证 $\lim\limits_{n \to \infty} \left(\dfrac{1}{n^2} + \dfrac{1}{(n+1)^2} + \cdots + \dfrac{1}{(n+n)^2} \right) = 0$.

证明 由于

$$\frac{n}{(n+n)^2} \leqslant \frac{1}{n^2} + \frac{1}{(n+1)^2} + \cdots + \frac{1}{(n+n)^2} \leqslant \frac{n}{n^2}$$

而 $\lim\limits_{n \to \infty} \dfrac{n}{(n+n)^2} = 0, \lim\limits_{n \to \infty} \dfrac{n}{n^2} = 0$,故由夹逼准则知

$$\lim_{n \to \infty} \left(\frac{1}{n^2} + \frac{1}{(n+1)^2} + \cdots + \frac{1}{(n+n)^2} \right) = 0$$

如果数列 $\{a_n\}$ 满足条件

$$a_1 \leqslant a_2 \leqslant \cdots \leqslant a_n \leqslant a_{n+1} \leqslant \cdots$$

就称数列 $\{a_n\}$ 是**单调增加**的.

如果数列 $\{a_n\}$ 满足条件

$$a_1 \geqslant a_2 \geqslant \cdots \geqslant a_n \geqslant a_{n+1} \geqslant \cdots$$

就称数列 $\{a_n\}$ 是**单调减少**的.

单调增加和单调减少数列统称为**单调数列**.

定理 1.5(单调有界准则)   单调有界数列必有极限.

例 1.11 求数列 $\sqrt{1}, \sqrt{1 + \sqrt{1}}, \cdots, \sqrt{1 + \sqrt{1 + \cdots + \sqrt{1}}}, \cdots$ 的极限.

解 证明数列的有界性.

令 $a_n = \sqrt{1 + \sqrt{1 + \cdots + \sqrt{1}}}$,则 $a_{n+1} = \sqrt{1 + a_n}$,其中 $a_1 = 1, a_2 = \sqrt{2} < 2$.设 $a_k < 2$,则

$$a_{k+1} = \sqrt{1 + a_k} < \sqrt{3} < 2$$

由归纳法知,对所有的 $n \in \mathbf{N}^+$,有 $0 < a_n < 2$,故 $\{a_n\}$ 有界.

证明数列的单调性.

已知 $a_1 = 1, a_2 = \sqrt{2}$,则 $a_2 > a_1$.设 $a_k > a_{k-1}$,则

$$a_{k+1} - a_k = \sqrt{1 + a_k} - \sqrt{1 + a_{k-1}} = \frac{a_k - a_{k-1}}{\sqrt{1 + a_k} + \sqrt{1 + a_{k-1}}} > 0$$

由归纳法知,对所有的 $n \in \mathbf{N}^+$,有 $a_{n+1} > a_n$,故 $\{a_n\}$ 单调递增.

由单调有界准则知,数列 $\{a_n\}$ 存在极限,设为 a. 在 $a_{n+1} = \sqrt{1+a_n}$ 两边取极限,得

$$a = \sqrt{1+a}$$

解得 $a = \dfrac{1+\sqrt{5}}{2}$ 或 $a = \dfrac{1-\sqrt{5}}{2}$. 由于收敛数列保号性知, $a = \dfrac{1-\sqrt{5}}{2}$,舍去. 故所求数列的极限是 $\dfrac{1+\sqrt{5}}{2}$.

1.2.3　函数的极限

由于数列 $\{a_n\}$ 可以看作是自变量为 n 的函数: $a_n = f(n)(n \in \mathbf{N}^+)$. 所以数列 $\{a_n\}$ 的极限为 a,可以认为是当自变量 n 取正整数且无限增大时,对应的函数值 $f(n)$ 无限接近于常数 a. 对一般的函数 $y = f(x)$ 而言,在自变量的某个变化过程中,函数值 $f(x)$ 无限接近于某个确定的常数,那么这个常数就叫作 $f(x)$ 在自变量 x 在这一变化过程的极限. 这说明函数的极限与自变量的变化趋势有关,自变量的变化趋势不同,函数的极限也会不同.

下面主要介绍自变量的两种变化趋势下函数的极限.

1. 自变量 $x \to \infty$ 时函数的极限

引例 1.1　观察函数 $y = \dfrac{\sin x}{x}$ 当 $x \to +\infty$ 时的变化趋势(图 1.14).

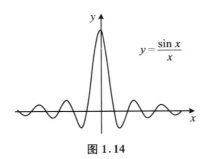

图 1.14

从图 1.14 可以看出,当 x 无限增大时,函数 $\dfrac{\sin x}{x}$ 无限接近于 0(确定的常数).

由此推得函数 $f(x)$ 在 $x \to +\infty$ 时极限的直观定义:

定义 1.9　设 $f(x)$ 当 x 大于某一正数时有定义,当 x 无限增大时,函数值 $f(x)$ 无限接近于一个确定的常数 A,称 A 为 $f(x)$ 当 $x \to +\infty$ 时的极限. 记作

$$\lim_{x \to +\infty} f(x) = A \quad \text{或} \quad f(x) \to A(x \to +\infty)$$

引例中, $\lim\limits_{x \to +\infty} \dfrac{\sin x}{x} = 0$.

类比于数列极限的定义推得当 $x \to +\infty$ 时函数 $f(x)$ 的极限的直观定义:

定义 1.10　设 $f(x)$ 当 x 大于某一正数时有定义,如果存在常数 A,对任意给定的正数 ε,总存在正数 X,使得当 $x > X$ 时,不等式

$$|f(x) - A| < \varepsilon$$

都成立,则称 A 是函数 $f(x)$ 在 $x \to + \infty$ 时的极限,记作

$$\lim_{x \to + \infty} f(x) = A$$

对定义 1.10 的简单叙述如下:

$$\lim_{x \to + \infty} f(x) = A \iff \forall \varepsilon > 0, \exists X > 0, x > X, 有 |f(x) - A| < \varepsilon$$

类比当 $x \to + \infty$ 时函数 $f(x)$ 的极限定义,当 $x \to - \infty$ 时函数 $f(x)$ 的极限定义:

定义 1.11　设 $f(x)$ 当 $-x$ 大于某一正数时有定义,如果存在常数 A,对任意给定的正数 ε,总存在正数 X,使得当 $x < -X$ 时,不等式

$$|f(x) - A| < \varepsilon$$

都成立,则称 A 是函数 $f(x)$ 在 $x \to - \infty$ 时的极限,记作

$$\lim_{x \to - \infty} f(x) = A$$

对定义 1.11 的简单叙述如下:

$$\lim_{x \to - \infty} f(x) = A \iff \forall \varepsilon > 0, \exists X > 0, 当 x < -X, 有 |f(x) - A| < \varepsilon$$

在引例中,$\lim\limits_{x \to - \infty} \dfrac{\sin x}{x} = 0$.

结合定义 1.10 和定义 1.11,推得函数 $f(x)$ 在 $x \to \infty$ 时的极限定义:

定义 1.12　设 $f(x)$ 当 $|x|$ 大于某一正数时有定义,如果存在常数 A,对任意给定的正数 ε,总存在正数 X,使得当 $|x| > X$ 时,不等式

$$|f(x) - A| < \varepsilon$$

都成立,则称 A 是函数 $f(x)$ 在 $x \to \infty$ 时的极限,记作

$$\lim_{x \to \infty} f(x) = A$$

对定义 1.12 的简单叙述如下:

$$\lim_{x \to \infty} f(x) = A \iff \forall \varepsilon > 0, \exists X > 0, 当 |x| > X 时, 有 |f(x) - A| < \varepsilon$$

结合定义 1.12,函数 $f(x)$ 在 $x \to \infty$ 时的极限存在的充要条件是

$$\lim_{x \to \infty} f(x) = A \iff \lim_{x \to - \infty} f(x) = \lim_{x \to + \infty} f(x) = A$$

例 1.12　证明:$\lim\limits_{x \to \infty} \dfrac{\sin x}{x} = 0$.

证明　由于

$$|f(x) - A| = \left| \frac{\sin x}{x} - 0 \right| = \left| \frac{\sin x}{x} \right| \leqslant \frac{1}{|x|}$$

故对 $\forall \varepsilon > 0$,要使

$$|f(x) - A| < \varepsilon$$

即 $\dfrac{1}{|x|} < \varepsilon, |x| > \dfrac{1}{\varepsilon}$. 取 $X = \dfrac{1}{\varepsilon}$,当 $|x| > X$ 时,有 $|f(x) - A| < \varepsilon$,由极限的定义知

$$\lim_{x \to \infty} \frac{\sin x}{x} = 0$$

从几何上看,$\lim\limits_{x \to \infty} f(x) = A$ 表示当 $|x| > X$ 时,曲线 $y = f(x)$ 位于直线 $y = A - \varepsilon$ 和 $y = A + \varepsilon$ 之间(图 1.15).

这时称直线 $y = A$ 为曲线 $y = f(x)$ 的**水平渐近线**.

例如 $\lim\limits_{x \to \infty} \dfrac{\sin x}{x} = 0$,则 $y = 0$ 是曲线 $y = \dfrac{\sin x}{x}$ 的水平渐近线.

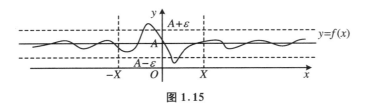

图 1.15

2. 自变量 $x \to x_0$ 时函数的极限

引例 1.2 观察函数 $f(x) = x + 1$ 和 $g(x) = \dfrac{x^2 - 1}{x - 1}$ 在 $x \to 1$ 时函数值的变化趋势 (图 1.16).

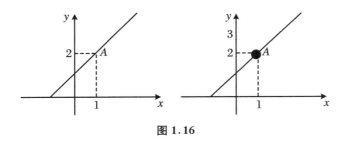

图 1.16

从图 1.16 中得出,函数 $f(x) = x + 1$ 和 $g(x) = \dfrac{x^2 - 1}{x - 1}$ 在 $x \to 1$ 时函数值都无限接近于 2,则称 2 是函数 $f(x) = x + 1$ 和 $g(x) = \dfrac{x^2 - 1}{x - 1}$ 在 $x \to 1$ 时的极限.

从上例中看出,虽然 $f(x)$ 和 $g(x)$ 在 $x = 1$ 处都有极限,但 $g(x)$ 在 $x = 1$ 处不定义. 这说明函数在一点处是否存在极限与它在该点处是否有定义无关. 因此,在后面的定义中假定函数 $f(x)$ 在 x_0 的某个去心邻域内有定义,函数 $f(x)$ 在 $x \to x_0$ 时函数极限的直观定义如下:

定义 1.13 函数 $f(x)$ 在 x_0 的某个去心邻域内有定义. 当 $x \to x_0$ 时,函数 $f(x)$ 的函数值无限接近于确定的常数 A,称 A 为函数 $f(x)$ 在 $x \to x_0$ 时的极限.

在定义 1.13 中,函数 $f(x)$ 的函数值无限接近于某个确定的常数 A,表示 $|f(x) - A|$ 能任意小,在此同样可以通过对于任意给定的正数 ε,$|f(x) - A| < \varepsilon$ 表示. 而 $x \to x_0$ 可以表示为 $0 < |x - x_0| < \delta\,(\delta > 0)$,$\delta$ 体现了 x 接近 x_0 的程度. 由此得到函数 $f(x)$ 在 $x \to x_0$ 时函数极限的精确定义:

定义 1.14 函数 $f(x)$ 在 x_0 的某个去心邻域内有定义. 对于任意给定的正数 ε,总存在正数 δ,当 x 满足不等式 $0 < |x - x_0| < \delta$ 时,函数 $f(x)$ 满足不等式

$$|f(x) - A| < \varepsilon$$

称 A 为函数 $f(x)$ 在 $x \to x_0$ 时的极限.记作

$$\lim\limits_{x \to x_0} f(x) = A \quad \text{或} \quad f(x) \to A\,(x \to x_0)$$

定义 1.14 简单表述为

$$\lim_{x \to x_0} f(x) = A \iff \forall \varepsilon > 0, \exists \delta > 0, \text{当} 0 < |x - x_0| < \delta \text{时，有} |f(x) - A| < \varepsilon$$

函数 $f(x)$ 在 $x \to x_0$ 时极限为 A 的几何解释：

对 $\forall \varepsilon > 0$，当 $x \in \mathring{U}(x_0, \delta)$ 时，曲线 $y = f(x)$ 位于直线 $y = A - \varepsilon$ 和 $y = A + \varepsilon$ 之间，如图 1.17 所示。

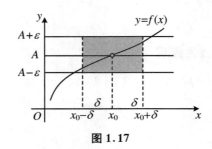

图 1.17

例 1.13 证明：$\lim\limits_{x \to x_0} C = C (C$ 为常数$)$.

证明 由于

$$|f(x) - A| = |C - C| = 0$$

对 $\forall \varepsilon > 0, \forall \delta > 0$，当 $0 < |x - x_0| < \delta$ 时，都有 $|f(x) - A| < \varepsilon$，故

$$\lim_{x \to x_0} C = C$$

例 1.14 证明：$\lim\limits_{x \to 1} \dfrac{x^2 - 1}{x - 1} = 2$.

证明 由于

$$|f(x) - A| = \left| \frac{x^2 - 1}{x - 1} - 2 \right| = |x - 1|$$

对 $\forall \varepsilon > 0$，要使 $|f(x) - A| < \varepsilon$，即 $|x - 1| < \varepsilon$. 取 $\delta = \varepsilon$，当 $0 < |x - x_0| < \delta$ 时，都有 $|f(x) - A| < \varepsilon$，故

$$\lim_{x \to 1} \frac{x^2 - 1}{x - 1} = 2$$

在函数的极限中，$x \to x_0$ 既包含 x 从左侧向 x_0 靠近，又包含从右侧向 x_0 靠近. 因此，在求分段函数在分界点 x_0 处的极限时，由于在 x_0 处两侧函数式子不同，只能分别讨论.

x 左侧向 x_0 靠近的情形，记作 $x \to x_0^-$. x 从右侧向 x_0 靠近的情形，记作 $x \to x_0^+$.

在定义 1.8 中，若把空心邻域 $0 < |x - x_0| < \delta$ 改为 $x_0 - \delta < x < x_0$，则称 A 为函数 $f(x)$ 在 $x \to x_0$ 时的**左极限**. 记作

$$\lim_{x \to x_0^-} f(x) = A \quad \text{或} \quad f(x_0^-) = A$$

类似地，若把空心邻域 $0 < |x - x_0| < \delta$ 改为 $x_0 < x < x_0 + \delta$，则称 A 为函数 $f(x)$ 在 $x \to x_0$ 时的**右极限**. 记作

$$\lim_{x \to x_0^+} f(x) = A \quad \text{或} \quad f(x_0^+) = A$$

我们把左极限和右极限统称为**单侧极限**.

根据 $f(x)$ 在 $x \to x_0$ 时极限的定义推出 $f(x)$ 在 $x \to x_0$ 时的极限存在的充要条件是左、右极限都存在并且相等,即

$$\lim_{x \to x_0} f(x) = A \iff \lim_{x \to x_0^-} f(x) = \lim_{x \to x_0^+} f(x) = A$$

例 1.15   讨论函数

$$f(x) = \begin{cases} -x & (x \leqslant 0) \\ 1 + x & (x > 0) \end{cases}$$

当 $x \to 0$ 时 $f(x)$ 极限不存在.

解   函数图形如图 1.18 所示.

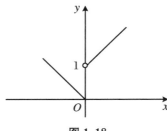

图 1.18

$f(x)$ 在 $x = 0$ 处的左极限为

$$\lim_{x \to 0^-} f(x) = \lim_{x \to 0^-} (-x) = 0$$

右极限为

$$\lim_{x \to 0^+} f(x) = \lim_{x \to 0^+} (1 + x) = 1$$

由于 $\lim\limits_{x \to 0^-} f(x) \neq \lim\limits_{x \to 0^+} f(x)$,故 $\lim\limits_{x \to 0} f(x)$ 不存在.

3. 函数的极限的性质

类比数列极限的性质,可以推得函数极限的性质. 由于函数极限自变量的变化趋势有不同的形式,下面仅以 $\lim\limits_{x \to x_0} f(x)$ 为代表讨论.

性质 1.1(唯一性)   若 $\lim\limits_{x \to x_0} f(x) = A$,则极限值是唯一的.

性质 1.2(局部有界性)   若 $\lim\limits_{x \to x_0} f(x) = A$,若存在常数 $M > 0$ 及 $\delta > 0$,当 $0 < |x - x_0| < \delta$ 时,有 $|f(x)| \leqslant M$.

性质 1.3(保号性)   若 $\lim\limits_{x \to x_0} f(x) = A$,且 $A > 0$(或 $A < 0$),若存在 $\delta > 0$,当 $0 < |x - x_0| < \delta$ 时,有 $f(x) > 0$(或 $f(x) < 0$).

性质 1.4(夹逼准则)   设 $f(x), g(x), h(x)$ 是三个函数,若存在 $\delta > 0$,当 $0 < |x - x_0| < \delta$ 时,有

$$g(x) \leqslant f(x) \leqslant h(x), \quad \lim_{x \to x_0} g(x) = \lim_{x \to x_0} h(x) = A$$

则

$$\lim_{x \to x_0} f(x) = A$$

1.2.4　无穷大与无穷小

在研究函数的变化趋势时,经常会遇到两种特殊情形:一是函数的极限为零,二是函数的绝对值无限增大,即是本节讨论的无穷小和无穷大,本节以 $\lim\limits_{x \to x_0} f(x)$ 为代表讨论.

1. 无穷小

若 $\lim\limits_{x \to x_0} f(x) = 0$,则称函数 $f(x)$ 为 $x \to x_0$ 时的**无穷小**.

例如,$\lim\limits_{x \to 1}(x^2 - 1) = 0$,则 $x^2 - 1$ 是 $x \to 1$ 时的无穷小. $\lim\limits_{x \to \infty} \dfrac{1}{x} = 0$,则 $\dfrac{1}{x}$ 是 $x \to \infty$ 时的无穷小.

在此需要指出的是:

(1) 无穷小不是很小的数,它表示当 $x \to x_0$ 时,$f(x)$ 的绝对值可以任意小的函数;

(2) 在说一个函数是无穷小时,一定要指明自变量的变化趋势. 同一函数,在自变量的不同变化趋势下,极限不一定为零;

(3) 在常数里面,0 是唯一的无穷小.

2. 无穷大

函数 $f(x)$ 在 x_0 的某个去心邻域内有定义. 对于任意给定的正数 M,总存在正数 δ,当 x 满足不等式 $0 < |x - x_0| < \delta$ 时,函数值 $f(x)$ 满足不等式

$$|f(x)| > M$$

则称函数 $f(x)$ 为 $x \to x_0$ 时的**无穷大**.

按照函数极限的定义,当 $x \to x_0$ 时无穷大的函数 $f(x)$ 极限是不存在的. 为了便于叙述函数的这一性态,习惯上称作函数的极限是无穷大,记作

$$\lim_{x \to x_0} f(x) = \infty$$

若把定义中 $|f(x)| > M$ 改为 $f(x) > M$(或 $f(x) < -M$),称函数极限为**正无穷大**(或负无穷大),记作

$$\lim_{x \to x_0} f(x) = +\infty \quad (\text{或} \lim_{x \to x_0} f(x) = -\infty)$$

在此,同样注意无穷大不是很大的数,不能和很大的数混为一谈.

例如,由于 $\lim\limits_{x \to 0} \dfrac{1}{x} = \infty$,$\dfrac{1}{x}$ 为 $x \to 0$ 时的无穷大,如图 1.19 所示.

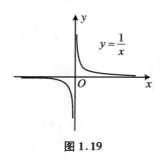

图 1.19

从图形上看,当 $x \to 0$ 时,曲线 $y = \dfrac{1}{x}$ 无限接近于直线 $x = 0$.

一般地,若 $\lim\limits_{x \to x_0} f(x) = \infty$,则直线 $x = x_0$ 为曲线 $y = f(x)$ 的**铅直渐近线**.

在上例中,$x = 0$ 是曲线 $y = \dfrac{1}{x}$ 的铅直渐近线.

3．无穷小的性质

性质 1.5　$\lim\limits_{x \to x_0} f(x) = A$ 充要条件是 $f(x) = A + \alpha$,其中 α 为 $x \to x_0$ 时的无穷小.

证明　$\lim\limits_{x \to x_0} f(x) = A$　$\Leftrightarrow$　$\forall \varepsilon > 0, \exists \delta > 0$,当 $0 < |x - x_0| < \delta$ 时,都有

$$|f(x) - A| < \varepsilon$$

令 $f(x) - A = \alpha$,则 $|\alpha| < \varepsilon$,即 $\lim\limits_{x \to x_0} \alpha = 0$,说明 α 为 $x \to x_0$ 时的无穷小. 此时 $f(x) = A + \alpha$.

性质 1.6　在自变量的同一变化过程中,若 $f(x)$ 为无穷大,则 $\dfrac{1}{f(x)}$ 为无穷小;若 $f(x)$ 为无穷小,且 $f(x) \neq 0$,则 $\dfrac{1}{f(x)}$ 为无穷大.

例如,由于 $\lim\limits_{x \to 1} (x - 1) = 0$,则 $\lim\limits_{x \to 1} \dfrac{1}{x - 1} = \infty$.

性质 1.7　有限个无穷小的和是无穷小.

性质 1.8　有界函数与无穷小的乘积是无穷小.

例 1.16　求极限 $\lim\limits_{x \to 0} x \sin \dfrac{1}{x}$.

解　由于 $\left| \sin \dfrac{1}{x} \right| \leqslant 1$,是有界函数,而 $\lim\limits_{x \to 0} x = 0$.由性质 1.8 得 $\lim\limits_{x \to 0} x \sin \dfrac{1}{x} = 0$.

推论 1.2　常数与无穷小的乘积是无穷小.

推论 1.3　有限个无穷小的乘积是无穷小.

习　题　1.2

1. 根据数列的变化趋势,求下列数列的极限:

(1) $a_n = (-1)^n \dfrac{1}{n^2}$;

(2) $a_n = \dfrac{2^n + (-1)^n}{2^n}$;

(3) $a_n = n \sin \dfrac{n\pi}{2}$;

(4) $a_n = \dfrac{n - 1}{n + 1}$.

2. 根据数列极限的定义,证明:

(1) $\lim\limits_{n \to \infty} \dfrac{1}{n^2} = 0$;

(2) $\lim\limits_{n \to \infty} \dfrac{n - 1}{3n + 1} = \dfrac{1}{3}$;

(3) $\lim\limits_{n \to \infty} \dfrac{\sqrt{n^2 + 1}}{n} = 1$;

(4) $\lim\limits_{n \to \infty} \dfrac{\sin n}{n} = 0$.

3. 设 $\lim\limits_{n\to\infty} a_n = a$，求证 $\lim\limits_{n\to\infty} |a_n| = |a|$.

4. 设数列 a_n 有界，$\lim\limits_{n\to\infty} b_n = 0$，求证 $\lim\limits_{n\to\infty} a_n b_n = 0$.

5. 根据函数极限的定义，证明：

(1) $\lim\limits_{x\to -2}\dfrac{x^2-4}{x+2} = -4$；   (2) $\lim\limits_{x\to 2}(2x-1) = 3$；

(3) $\lim\limits_{x\to\infty}\dfrac{1+x^2}{2x^2} = \dfrac{1}{2}$；   (4) $\lim\limits_{x\to +\infty}\dfrac{\sin x}{\sqrt{x}} = 0$.

6. 求下列函数在指定点处的左、右极限，并判断在该点处极限是否存在：

(1) $f(x) = \dfrac{|x|}{x}$，在 $x=0$ 处；   (2) $f(x) = \begin{cases} \cos x & (x>0) \\ 1+x & (x<0) \end{cases}$，在 $x=0$ 处；

(3) $f(x) = \begin{cases} x\sin\dfrac{1}{x} & (x>0) \\ 1+x^2 & (x<0) \end{cases}$，在 $x=0$ 处.

7. 指出下列函数在什么情况下是无穷小，什么情况下是无穷大：

(1) $f(x) = \dfrac{x+1}{x-1}$；   (2) $f(x) = \ln x$.

8. 求下列函数的极限：

(1) $\lim\limits_{x\to 2}\dfrac{1}{x^2-x-2}$；   (2) $\lim\limits_{x\to\infty}\dfrac{2x+1}{x}$.

9. 求函数 $f(x) = \dfrac{1}{1-x^2}$ 的图形渐近线.

10. 利用极限存在准则证明：

(1) $\lim\limits_{n\to\infty}\sqrt{1+\dfrac{1}{n}} = 1$；   (2) $\lim\limits_{n\to\infty}\left(\dfrac{n}{n^2+1} + \dfrac{n}{n^2+2} + \cdots + \dfrac{n}{n^2+n}\right) = 1$.

1.3 极限的运算

本节讨论极限的求法，主要内容是极限的四则运算、复合函数的极限运算法则，以及利用这些法则，求某些特定函数的极限. 由于函数极限自变量的变化趋势有不同的形式，下面仅以 $\lim\limits_{x\to x_0} f(x)$ 为代表讨论.

1.3.1 极限的四则运算法则

定理 1.6 如果 $\lim\limits_{x\to x_0} f(x) = A$，$\lim\limits_{x\to x_0} g(x) = B$，则

(1) $\lim\limits_{x\to x_0}(f(x) \pm g(x)) = A \pm B$；

(2) $\lim\limits_{x\to x_0}(f(x) \cdot g(x)) = A \cdot B$；

(3) 若 $B \neq 0$，则 $\lim\limits_{x\to x_0}\dfrac{f(x)}{g(x)} = \dfrac{A}{B}$.

证明　只证 $\lim\limits_{x \to x_0}(f(x) + g(x)) = A + B$.

由于 $\lim\limits_{x \to x_0} f(x) = A, \lim\limits_{x \to x_0} g(x) = B$,则

$$f(x) = A + \alpha, \quad g(x) = B + \beta$$

其中,α 和 β 是 $x \to x_0$ 时的无穷小.于是

$$f(x) + g(x) = (A + \alpha) + (B + \beta) = (A + B) + (\alpha + \beta)$$

由于 $\alpha + \beta$ 仍然是 $x \to x_0$ 时的无穷小,则

$$\lim\limits_{x \to x_0}(f(x) + g(x)) = A + B$$

其他情况类似可证.

注　本定理可推广到有限个函数的情形.

例 1.17　求 $\lim\limits_{x \to 2}(3x^2 - x + 5)$.

解　$\lim\limits_{x \to 2}(3x^2 - x + 5) = \lim\limits_{x \to 2}3x^2 - \lim\limits_{x \to 2}x + \lim\limits_{x \to 2}5 = 3\lim\limits_{x \to 2}x^2 - \lim\limits_{x \to 2}x + \lim\limits_{x \to 2}5 = 3 \cdot 4 - 2 + 5$
$= 15$.

例 1.18　求 $\lim\limits_{x \to 1}\dfrac{x^2 + 2x + 3}{x - 2}$.

解　$\lim\limits_{x \to 1}\dfrac{x^2 + 2x + 3}{x - 2} = \dfrac{\lim\limits_{x \to 1}(x^2 + 2x + 3)}{\lim\limits_{x \to 1}(x - 2)} = \dfrac{\lim\limits_{x \to 1}x^2 + 2\lim\limits_{x \to 1}x + 3}{\lim\limits_{x \to 1}x - 2} = -6$.

注　在运用极限的四则运算的商运算时,分母的极限 $B \neq 0$.但有时分母的极限 $B = 0$,这时就不能直接应用商运算了.

例 1.19　求 $\lim\limits_{x \to -1}\dfrac{x - 1}{x + 1}$.

解　由于 $\lim\limits_{x \to -1}(x + 1) = 0$,分母中极限为 0,故不能用四则运算计算.

由于 $\lim\limits_{x \to -1}\dfrac{x + 1}{x - 1} = \dfrac{\lim\limits_{x \to -1}(x + 1)}{\lim\limits_{x \to -1}(x - 1)} = \dfrac{0}{-2} = 0$,根据无穷小的性质,知

$$\lim\limits_{x \to -1}\dfrac{x - 1}{x + 1} = \infty$$

例 1.20　求 $\lim\limits_{x \to 1}\dfrac{x^2 - 2x + 1}{x^2 - 1}$.

解　由于 $x \to 1$ 时,分子、分母的极限都为 0,记作 $\dfrac{0}{0}$ 型.分子分母有公因子 $x - 1$,可约去公因子 $x - 1$,所以

$$\lim\limits_{x \to 1}\dfrac{x^2 - 2x + 1}{x^2 - 1} = \lim\limits_{x \to 1}\dfrac{(x - 1)^2}{(x - 1)(x + 1)} = \lim\limits_{x \to 1}\dfrac{x - 1}{x + 1} = \dfrac{0}{2} = 0$$

总结　在求有理函数除法 $\lim\limits_{x \to x_0}\dfrac{P(x)}{Q(x)}$ 的极限时,

(1) 当 $Q(x_0) \neq 0$ 时,应用极限四则运算法则,$\lim\limits_{x \to x_0}\dfrac{P(x)}{Q(x)} = \dfrac{P(x_0)}{Q(x_0)}$;

(2) 当 $Q(x_0) = 0$,且 $P(x_0) \neq 0$ 时,由无穷小的性质,$\lim\limits_{x \to x_0}\dfrac{P(x)}{Q(x)} = \infty$;

(3) 当 $Q(x_0) = 0$,且 $P(x_0) = 0$ 时,约去使分子、分母同为零的公因子 $x - x_0$,再使

用四则运算求极限.

例 1.21 求 $\lim\limits_{x\to\infty}\dfrac{3x^2-2x+3}{2x^2+5x-7}$.

解 由于 $x\to\infty$ 时,分子、分母的极限都为 ∞,记作 $\dfrac{\infty}{\infty}$ 型.用 x^2 去除分子及分母,即

$$\lim_{x\to\infty}\frac{3x^2-2x+3}{2x^2+5x-7}=\lim_{x\to\infty}\frac{3-\dfrac{2}{x}+\dfrac{3}{x^2}}{2+\dfrac{5}{x}-\dfrac{7}{x^2}}=\frac{3}{2}$$

例 1.22 求 (1) $\lim\limits_{x\to\infty}\dfrac{x^3+1}{5x^2+2x+7}$; (2) $\lim\limits_{x\to\infty}\dfrac{5x+3}{3x^2-x-1}$.

解 (1) 用 x^3 去除分子及分母,得

$$\lim_{x\to\infty}\frac{x^3+1}{5x^2+2x+7}=\lim_{x\to\infty}\frac{1+\dfrac{1}{x^3}}{\dfrac{5}{x}+\dfrac{2}{x^2}+\dfrac{7}{x^3}}=\infty$$

(2) 用 x^2 去除分子及分母,求极限得

$$\lim_{x\to\infty}\frac{5x+3}{3x^2-x-1}=\lim_{x\to\infty}\frac{\dfrac{5}{x}+\dfrac{3}{x^2}}{3-\dfrac{1}{x}-\dfrac{1}{x^2}}=0$$

总结 $\dfrac{\infty}{\infty}$ 型的函数极限的一般规律是:当 $a_0\neq 0,b_0\neq 0,m$ 和 n 为正整数时,

$$\lim_{x\to\infty}\frac{a_0x^n+a_1x^{n-1}+\cdots+a_n}{b_0x^m+b_1x^{m-1}+\cdots+b_m}=\begin{cases}\dfrac{a_0}{b_0} & (n=m)\\[2mm] 0 & (n<m)\\[2mm] \infty & (n>m)\end{cases}$$

例 1.23 求 $\lim\limits_{x\to 1}\left(\dfrac{1}{1-x}-\dfrac{3}{1-x^3}\right)$.

解 这是 $\infty-\infty$ 型,可以先通分,再计算.

$$\lim_{x\to 1}\left(\frac{1}{1-x}-\frac{3}{1-x^3}\right)=\lim_{x\to 1}\frac{x^2+x-2}{(1-x)(1+x+x^2)}=\lim_{x\to 1}\frac{(x+2)(x-1)}{(1-x)(1+x+x^2)}$$

$$=-\lim_{x\to 1}\frac{x+2}{1+x+x^2}=-1$$

例 1.24 求 $\lim\limits_{x\to+\infty}(\sqrt{x+1}-\sqrt{x})$.

解 这是 $\infty-\infty$ 型无理式,可以先进行有理化,再计算.

$$\lim_{x\to+\infty}(\sqrt{x+1}-\sqrt{x})=\lim_{x\to+\infty}\frac{1}{\sqrt{x+1}+\sqrt{x}}=0$$

1.3.2 两个重要极限

1. $\lim\limits_{x\to 0}\dfrac{\sin x}{x}=1$

作单位圆,如图 1.20 所示.

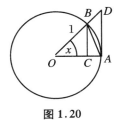

图 1.20

取圆心角 $\angle AOB = x$,设 $0 < x < \dfrac{\pi}{2}$,由图 1.20 可知

$$\triangle AOB \text{ 的面积} < \text{扇形 } AOB \text{ 的面} < \triangle AOD \text{ 的面}$$

即

$$\frac{1}{2}\sin x < \frac{1}{2}x < \frac{1}{2}\tan x$$

整理,得

$$\sin x < x < \tan x$$

不等式两边同时除以 $\sin x$,取倒数,得

$$\cos x < \frac{\sin x}{x} < 1$$

当 x 取值范围换成区间 $\left(-\dfrac{\pi}{2}, 0\right)$ 时,不等式符号不改变.

当 $x \to 0$ 时,$\lim\limits_{x \to 0}\cos x = 1$,有夹逼准则知

$$\lim_{x \to 0} \frac{\sin x}{x} = 1$$

注意　在利用 $\lim\limits_{x \to 0} \dfrac{\sin x}{x} = 1$ 求函数的极限时,要注意使用条件:

(1) 极限是 $\dfrac{0}{0}$ 型;

(2) 式中带有三角函数;

(3) $\lim\limits_{\triangle \to 0} \dfrac{\sin\triangle}{\triangle} = 1$ 中 $\triangle$ 的变量一致,都趋向于 0.

例 1.25　求 $\lim\limits_{x \to 0} \dfrac{\tan x}{x}$.

解　$\lim\limits_{x \to 0} \dfrac{\tan x}{x} = \lim\limits_{x \to 0}\left(\dfrac{\sin x}{x} \cdot \dfrac{1}{\cos x}\right) = \lim\limits_{x \to 0} \dfrac{\sin x}{x} \cdot \lim\limits_{x \to 0} \dfrac{1}{\cos x} = 1 \cdot 1 = 1.$

例 1.26　求 $\lim\limits_{x \to 0} \dfrac{\sin 3x}{\sin 2x}$.

解　$\lim\limits_{x \to 0} \dfrac{\sin 3x}{\sin 2x} = \lim\limits_{x \to 0} \dfrac{\sin 3x}{3x} \cdot \dfrac{2x}{\sin 2x} \cdot \dfrac{3}{2} = \dfrac{3}{2}\lim\limits_{x \to 0} \dfrac{\sin 3x}{3x} \cdot \lim\limits_{x \to 0} \dfrac{1}{\dfrac{\sin 2x}{2x}}$

$$= \frac{3}{2} \cdot 1 \cdot 1 = \frac{3}{2}.$$

例 1.27　求 $\lim\limits_{x\to0}\dfrac{1-\cos x}{x^2}$.

解　$\lim\limits_{x\to0}\dfrac{1-\cos x}{x^2}=\lim\limits_{x\to0}\dfrac{2\sin^2\dfrac{x}{2}}{x^2}=\dfrac{1}{2}\lim\limits_{x\to0}\dfrac{\sin^2\dfrac{x}{2}}{\left(\dfrac{x}{2}\right)^2}=\dfrac{1}{2}\lim\limits_{x\to0}\left(\dfrac{\sin\dfrac{x}{2}}{\dfrac{x}{2}}\right)^2=\dfrac{1}{2}\cdot1^2=\dfrac{1}{2}$.

2. $\lim\limits_{x\to\infty}\left(1+\dfrac{1}{x}\right)^x=\mathrm{e}$

考虑 $x=n$（正整数）的情形. 记 $a_n=\left(1+\dfrac{1}{n}\right)^n$，下面证明 $\{a_n\}$ 是单调有界数列.

由于

$$
\begin{aligned}
a_n &= \left(1+\frac{1}{n}\right)^n\\
&= 1+n\cdot\frac{1}{n}+\frac{n(n-1)}{2!}\cdot\left(\frac{1}{n}\right)^2+\frac{n(n-1)(n-2)}{3!}\cdot\left(\frac{1}{n}\right)^3\\
&\quad+\cdots+\frac{n(n-1)(n-2)\cdots1}{n!}\cdot\left(\frac{1}{n}\right)^n\\
&= 1+1+\frac{1}{2!}\left(1-\frac{1}{n}\right)+\frac{1}{3!}\left(1-\frac{1}{n}\right)\left(1-\frac{2}{n}\right)+\cdots\\
&\quad+\frac{1}{n!}\left(1-\frac{1}{n}\right)\left(1-\frac{2}{n}\right)\cdots\left(1-\frac{n-1}{n}\right)
\end{aligned}
$$

故类似地，有

$$
\begin{aligned}
a_{n+1} &= \left(1+\frac{1}{n+1}\right)^{n+1}\\
&= 1+1+\frac{1}{2!}\left(1-\frac{1}{n+1}\right)+\frac{1}{3!}\left(1-\frac{1}{n+1}\right)\left(1-\frac{2}{n+1}\right)\\
&\quad+\cdots+\frac{1}{(n+1)!}\left(1-\frac{1}{n+1}\right)\left(1-\frac{2}{n+1}\right)\cdots\left(1-\frac{n}{n+1}\right)
\end{aligned}
$$

比较 a_n 和 a_{n+1} 的展开式，除前两项外，a_n 的每一项都小于 a_{n+1} 的对应项，且 a_{n+1} 比 a_n 多了最后的正数项，所以 $a_n<a_{n+1}$，即 $\{a_n\}$ 是单调递增数列.

由于

$$
\begin{aligned}
a_n &= 1+1+\frac{1}{2!}\left(1-\frac{1}{n}\right)+\frac{1}{3!}\left(1-\frac{1}{n}\right)\left(1-\frac{2}{n}\right)+\cdots+\frac{1}{n!}\left(1-\frac{1}{n}\right)\left(1-\frac{2}{n}\right)\cdots\left(1-\frac{n-1}{n}\right)\\
&\leqslant 1+1+\frac{1}{2!}+\frac{1}{3!}+\cdots+\frac{1}{n!}\\
&\leqslant 1+1+\frac{1}{2\cdot1}+\frac{1}{2\cdot2\cdot1}+\frac{1}{2\cdot2\cdot2\cdot1}+\cdots+\frac{1}{2\cdot2\cdots2\cdot1}\\
&\leqslant 1+1+\frac{1}{2}+\frac{1}{2^2}+\frac{1}{2^3}+\cdots+\frac{1}{2^{n-1}}\\
&= 1+\frac{\left(1-\dfrac{1}{2}\right)^n}{1-\dfrac{1}{2}}<1+\frac{1}{1-\dfrac{1}{2}}=3
\end{aligned}
$$

即 $\{a_n\}$ 是有界数列.

由极限存在准则知,当 $n \to \infty$ 时,$a_n = \left(1 + \dfrac{1}{n}\right)^n$ 的极限存在,通常用字母 e 来表示,即

$$\lim_{n \to \infty} \left(1 + \frac{1}{n}\right)^n = e$$

可以证明,当 x 取实数而趋向 $+\infty$ (或 $-\infty$)时,函数 $\left(1 + \dfrac{1}{x}\right)^x$ 的极限也存在,且等于 e.故当 $x \to \infty$ 时,有

$$\lim_{x \to \infty} \left(1 + \frac{1}{x}\right)^x = e$$

令 $\dfrac{1}{x} = t$,当 $x \to \infty$ 时,$t \to 0$,上式可变为

$$\lim_{t \to 0} (1 + t)^{\frac{1}{t}} = e$$

故极限 $\lim\limits_{x \to \infty} \left(1 + \dfrac{1}{x}\right)^x = e$ 的另一种形式是

$$\lim_{x \to 0} (1 + x)^{\frac{1}{x}} = e$$

注意　在利用 $\lim\limits_{x \to \infty} \left(1 + \dfrac{1}{x}\right)^x = e$ 求函数极限时,要注意使用条件:

(1) 极限是 1^∞ 型;

(2) $\lim\limits_{\Delta \to \infty} \left(1 + \dfrac{1}{\Delta}\right)^\Delta = e$ 和 $\lim\limits_{\Delta \to 0} (1 + \Delta)^{\frac{1}{\Delta}} = e$ 中 Δ 的变量一致,且括号内 $\dfrac{1}{\Delta}$ 与括号右上角处 Δ 互为倒数.

例 1.28　求 $\lim\limits_{x \to \infty} \left(1 + \dfrac{2}{x}\right)^x$.

解　$\lim\limits_{x \to \infty} \left(1 + \dfrac{2}{x}\right)^x = \lim\limits_{x \to \infty} \left(1 + \dfrac{2}{x}\right)^{\frac{x}{2} \cdot 2} = \lim\limits_{x \to \infty} \left(\left(1 + \dfrac{2}{x}\right)^{\frac{x}{2}}\right)^2 = e^2$.

例 1.29　求 $\lim\limits_{x \to \infty} \left(\dfrac{x-4}{x-3}\right)^x$.

解　$\lim\limits_{x \to \infty} \left(\dfrac{x-4}{x-3}\right)^x = \lim\limits_{x \to \infty} \left(1 + \dfrac{-1}{x-3}\right)^x = \lim\limits_{x \to \infty} \left(1 + \dfrac{-1}{x-3}\right)^{-(x-3) \cdot (-1) + 3}$

　　　　$= \lim\limits_{x \to \infty} \left(\left(1 + \dfrac{-1}{x-3}\right)^{-(x-3)}\right)^{-1} \cdot \left(1 + \dfrac{-1}{x-3}\right)^3 = e^{-1} \cdot 1 = e^{-1}$.

例 1.30　求 $\lim\limits_{x \to 0} (1 - 2x)^{\frac{1}{x}}$.

解　$\lim\limits_{x \to 0} (1 - 2x)^{\frac{1}{x}} = \lim\limits_{x \to 0} (1 + (-2x))^{\frac{1}{-2x} \cdot (-2)} = \lim\limits_{x \to 0} ((1 + (-2x))^{\frac{1}{-2x}})^{(-2)} = e^{-2}$.

1.3.3　无穷小的比较

引例 1.5　当 $x \to 0$ 时,x,x^2,$3\sin x$ 都是无穷小,而极限

$$\lim_{x \to 0} \frac{x^2}{x} = 0, \quad \lim_{x \to 0} \frac{x}{x^2} = \infty, \quad \lim_{x \to 0} \frac{3\sin x}{x} = 3$$

引例 1.3 中,在 $x \to 0$ 时,三个函数都是无穷小,但比值的极限结果不同,这反映了不同的无穷小趋于 0 的速度"快慢"不同.

定义 1.15　在 $x \to x_0$ 时,$\alpha(x)$ 和 $\beta(x)$ 为无穷小,

(1) 如果 $\lim\limits_{x \to x_0} \dfrac{\alpha(x)}{\beta(x)} = 0$,则称 $\alpha(x)$ 是 $\beta(x)$ 为高阶无穷小,记作 $\alpha = o(\beta)$;

(2) 如果 $\lim\limits_{x \to x_0} \dfrac{\alpha(x)}{\beta(x)} = \infty$,则称 $\alpha(x)$ 是 $\beta(x)$ 为低阶无穷小;

(3) 如果 $\lim\limits_{x \to x_0} \dfrac{\alpha(x)}{\beta(x)} = C(C \neq 0)$,则称 $\alpha(x)$ 与 $\beta(x)$ 为同阶无穷小;

(4) 如果 $\lim\limits_{x \to x_0} \dfrac{\alpha(x)}{\beta^k(x)} = C(C \neq 0, k > 0)$,则称 $\alpha(x)$ 是关于 $\beta(x)$ 的 k 阶无穷小;

(5) 如果 $\lim\limits_{x \to x_0} \dfrac{\alpha(x)}{\beta(x)} = 1$,则称 $\alpha(x)$ 与 $\beta(x)$ 为等价无穷小,记作 $\alpha \sim \beta$.

显然等价无穷小是同阶无穷小的特殊情形,即 $C = 1$.

在上面的例子中,由于 $\lim\limits_{x \to 0} \dfrac{x^2}{x} = 0$,则当 $x \to 0$ 时,x^2 是 x 的高阶无穷小,记作 $x^2 = o(x)$;

由于 $\lim\limits_{x \to 0} \dfrac{x}{x^2} = \infty$,则当 $x \to 0$ 时,x 是 x^2 的低阶无穷小;

由于 $\lim\limits_{x \to 0} \dfrac{3\sin x}{x} = 3$,则当 $x \to 0$ 时,$3\sin x$ 是 x 的同阶无穷小;

由于 $\lim\limits_{x \to 0} \dfrac{\sin x}{x} = 1$,则当 $x \to 0$ 时,$\sin x$ 是 x 的等价无穷小.

在此,列举出当 $x \to 0$ 时,常见的等价无穷小有:

$\sin x \sim x$;$\tan x \sim x$;$1 - \cos x \sim \dfrac{1}{2} x^2$;$\arcsin x \sim x$;$\arctan x \sim x$;

$e^x - 1 \sim x$;$\ln(1 + x) \sim x$;$\sqrt[n]{1 + x} - 1 \sim \dfrac{1}{n} x$.

在上述几个无穷小的概念中,最常见的是等价无穷小,下面给出等价无穷小的性质:

定理 1.7　$\alpha \sim \beta$ 的充要条件是 $\beta = \alpha + o(\alpha)$.

证明　以自变量 $x \to x_0$ 时的极限为例.

必要性　设 $\alpha \sim \beta$,则

$$\lim_{x \to x_0} \frac{\beta - \alpha}{\alpha} = \lim_{x \to x_0} \left(\frac{\beta}{\alpha} - 1 \right) = \lim_{x \to x_0} \frac{\beta}{\alpha} - 1 = 0$$

故 $\beta - \alpha = o(\alpha)(x \to x_0)$,即 $\beta = \alpha + o(\alpha)$.

充分性　设 $\beta = \alpha + o(\alpha)$,则

$$\lim_{x \to x_0} \frac{\beta}{\alpha} = \lim_{x \to x_0} \frac{\alpha + o(\alpha)}{\alpha} = \lim_{x \to x_0} \left(1 + \frac{o(\alpha)}{\alpha} \right) = 1$$

故 $\alpha \sim \beta (x \to x_0)$.

注　其他自变量的变化趋势下同上.

定理 1.8　$\alpha \sim \alpha'$,$\beta \sim \beta'$,且 $\lim\limits_{x \to x_0} \dfrac{\beta'}{\alpha}$ 存在,则

$$\lim \frac{\beta}{\alpha} = \lim \frac{\beta'}{\alpha'}$$

证明　以自变量 $x \to x_0$ 时的极限为例.

$$\lim_{x \to x_0} \frac{\beta}{\alpha} = \lim_{x \to x_0} \left(\frac{\beta}{\beta'} \cdot \frac{\beta'}{\alpha'} \cdot \frac{\alpha'}{\alpha} \right) = \lim_{x \to x_0} \frac{\beta}{\beta'} \cdot \lim_{x \to x_0} \frac{\beta'}{\alpha'} \cdot \lim_{x \to x_0} \frac{\alpha'}{\alpha} = \lim_{x \to x_0} \frac{\beta'}{\alpha'}$$

定理 1.8 表明,在求两个无穷小之比的极限时,分子或分母都可用等价无穷小来代替.

例 1.31　求 $\lim\limits_{x \to 0} \dfrac{1 - \cos x}{x \sin x}$.

解　当 $x \to 0$ 时,$1 - \cos x \sim \dfrac{1}{2} x^2$,$\sin x \sim x$,则

$$\lim_{x \to 0} \frac{1 - \cos x}{x \sin x} = \lim_{x \to 0} \frac{\frac{1}{2} x^2}{x^2} = \frac{1}{2}$$

例 1.32　求 $\lim\limits_{x \to 0} \dfrac{\sqrt{1 + x} - 1}{e^x - 1}$.

解　当 $x \to 0$ 时,$\sqrt{1 + x} - 1 \sim \dfrac{1}{2} x$,$e^x - 1 \sim x$,则

$$\lim_{x \to 0} \frac{\sqrt{1 + x} - 1}{e^x - 1} = \lim_{x \to 0} \frac{\frac{1}{2} x}{x} = \frac{1}{2}$$

例 1.33　求 $\lim\limits_{x \to 0} \dfrac{\tan x - \sin x}{x^3}$.

解（错误做法）　当 $x \to 0$ 时,$\sin x \sim x$,$\tan x \sim x$.则

$$\lim_{x \to 0} \frac{\tan x - \sin x}{x^3} = \lim_{x \to 0} \frac{x - x}{x^3} = 0$$

（正确做法）　当 $x \to 0$ 时,$\sin x \sim x$,$\tan x \sim x$.则

$$\lim_{x \to 0} \frac{\tan x - \sin x}{x^3} = \lim_{x \to 0} \frac{\tan x (1 - \cos x)}{x^3} = \lim_{x \to 0} \frac{x \cdot \frac{1}{2} x^2}{x^3 \cdot \cos x} = \frac{1}{2}$$

说明　在代数和中各等价无穷小不能分别替换,在因式中可以用等价无穷小的替换.

习　题　1.3

1. 求下列极限:

(1) $\lim\limits_{x \to 1} (2x^2 + x - 3)$;

(2) $\lim\limits_{x \to 1} \dfrac{x^2 + 1}{x - 3}$;

(3) $\lim\limits_{x \to 2} \dfrac{x^3 + 8}{x - 2}$;

(4) $\lim\limits_{x \to 1} \dfrac{x^2 - 2x + 1}{x^2 - 1}$;

(5) $\lim\limits_{x\to\infty}\left(1-\dfrac{1}{x}+\dfrac{2}{x^2}\right)$;

(6) $\lim\limits_{n\to\infty}\dfrac{1+\dfrac{1}{2}+\cdots+\dfrac{1}{2^n}}{1+\dfrac{1}{3}+\cdots+\dfrac{1}{3^n}}$;

(7) $\lim\limits_{x\to\infty}\dfrac{x^2+1}{3x^2+x+1}$;

(8) $\lim\limits_{x\to+\infty}\left(\sqrt{x^2+1}-\sqrt{x^2-1}\right)$;

(9) $\lim\limits_{x\to3}\left(\dfrac{1}{x-3}-\dfrac{6}{x^2-9}\right)$;

(10) $\lim\limits_{x\to+\infty}\dfrac{3^{x+1}+1}{3^x+2}$;

(11) $\lim\limits_{n\to\infty}\dfrac{n(n+1)(n+2)}{2n^3}$;

(12) $\lim\limits_{x\to2}\dfrac{x^2+1}{x-2}$.

2. 已知 $\lim\limits_{x\to\infty}\dfrac{ax^2+bx+2}{2x-1}=1$,求常数 a,b.

3. 已知 $\lim\limits_{x\to\infty}\left(\dfrac{x+c}{x-c}\right)^{\frac{x}{2}}=4$,求常数 c.

1.4 函数的连续性

在自然界中,有许多现象都是连续变化的,如气温的变化、河水的流动、植物的生长等.这种现象在函数关系上的反映,就是函数的连续性.

1.4.1 函数连续的概念

1. 函数的增量

定义 1.16 设变量 u 从它的一个值 u_1 变到另一个值 u_2,其差 u_2-u_1 称作变量 u 的增量,记作 Δu,即 $\Delta u = u_2 - u_1$.

例如,一天中某段时间 $[t_1,t_2]$,温度从 T_1 到 T_2,则温度的增量 $\Delta T = T_2 - T_1$.当温度升高时,$\Delta T>0$;当温度降低时,$\Delta T<0$;当时间的改变量 $\Delta t = t_2 - t_1$ 很微小时,温度的变化 ΔT 也会很小;当 $\Delta t\to0$ 时,$\Delta T\to0$.

对于函数 $y=f(x)$,如果在定义区间内自变量从 x_0 变到 x,对应的函数值由 $f(x_0)$ 变化到 $f(x)$,则称 $x-x_0$ 为自变量的增量,记作 Δx,即

$$\Delta x = x - x_0 \quad 或 \quad x = x_0 + \Delta x$$

$f(x)-f(x_0)$ 为函数的增量,记作 Δy,即

$$\Delta y = f(x) - f(x_0) \quad 或 \quad \Delta y = f(x_0 + \Delta x) - f(x_0)$$

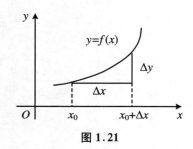

图 1.21

2. 函数连续的概念

设函数 $y=f(x)$ 在点 x_0 的某一邻域内有定义,当自变量 x 在这邻域内从 x_0 变到 $x_0+\Delta x$ 时,函数增量 $\Delta y = f(x_0+\Delta x) - f(x_0)$(图 1.21).

假定 x_0 不变,让 Δx 变动,Δy 也随之变化.如果当 Δx 无限变小时,Δy 也无限变小.根据这一特点,给出函数 $y=f(x)$ 在 x_0 处连续的概念.

定义 1.17　设函数 $y=f(x)$ 在点 x_0 的某一邻域内有定义,如果

$$\lim_{\Delta x\to 0}\Delta y = \lim_{\Delta x\to 0}\left[f(x_0+\Delta x)-f(x_0)\right]=0$$

则称函数 $y=f(x)$ 在点 x_0 处**连续**.

设 $x=x_0+\Delta x$,则当 $\Delta x\to 0$ 时,即是 $x\to x_0$.而

$$\Delta y = f(x_0+\Delta x)-f(x_0)=f(x)-f(x_0)$$

由 $\Delta y\to 0$ 就是 $f(x)\to f(x_0)$,即

$$\lim_{x\to x_0}f(x)=f(x_0)$$

定义 1.17 可以改写为如下定义:

定义 1.18　设函数 $y=f(x)$ 在点 x_0 的某一邻域内有定义,如果

$$\lim_{x\to x_0}f(x)=f(x_0)$$

那么就称函数 $y=f(x)$ 在点 x_0 处连续.

由定义 1.18 知,函数 $y=f(x)$ 在点 x_0 处连续,必须满足下列三个条件:

(1) 函数 $y=f(x)$ 在点 x_0 处有定义;

(2) $\lim_{x\to x_0}f(x)$ 存在,即 $\lim_{x\to x_0^-}f(x)=\lim_{x\to x_0^+}f(x)$;

(3) $\lim_{x\to x_0}f(x)=f(x_0)$.

例 1.34　讨论函数

$$f(x)=\begin{cases}x\sin\dfrac{1}{x} & (x\neq 0)\\ 0 & (x=0)\end{cases}$$

在 $x=0$ 处的连续性.

解　由于

$$\lim_{x\to 0}f(x)=\lim_{x\to 0}x\sin\frac{1}{x}=0$$

而 $f(0)=0$,故

$$\lim_{x\to 0}f(x)=f(0)$$

由连续性的定义知,函数 $f(x)$ 在 $x=0$ 处连续.

由于函数 $f(x)$ 在 x_0 处极限存在等价于 $f(x)$ 在 x_0 处左、右极限都存在并且相等,结合这一特点,下面定义左、右连续的概念.

如果 $\lim_{x\to x_0^-}f(x)=f(x_0)$,则称函数 $f(x)$ 在点 x_0 处的**左连续**. 如果 $\lim_{x\to x_0^+}f(x)=f(x_0)$,则称函数 $f(x)$ 在点 x_0 处的**右连续**.

如果函数 $y=f(x)$ 在点 x_0 处连续,必有 $\lim_{x\to x_0}f(x)=f(x_0)$,则有

$$\lim_{x\to x_0^-}f(x)=\lim_{x\to x_0^+}f(x)=f(x_0)$$

这说明了函数 $y=f(x)$ 在点 x_0 处连续,既包含了 $f(x)$ 在点 x_0 处左连续,又包含了 $f(x)$ 在点 x_0 处右连续.

定理 1.9　函数 $y=f(x)$ 在点 x_0 处连续的充要条件是函数 $y=f(x)$ 在点 x_0 处既左连续又右连续.

注 此定理常用于判定分段函数在分段点处的连续性.

例 1.35 讨论函数

$$f(x) = \begin{cases} x^2 & (x \leqslant 1) \\ x+1 & (x > 1) \end{cases}$$

在 $x = 1$ 处的连续性.

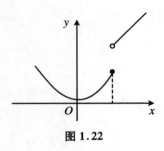

图 1.22

解 函数 $f(x)$ 图形如图 1.22 所示.

由于 $\lim\limits_{x \to 1^-} f(x) = \lim\limits_{x \to 1^-} x^2 = 1 = f(1)$，故 $f(x)$ 在 $x = 1$ 处左连续.

$\lim\limits_{x \to 1^+} f(x) = \lim\limits_{x \to 1^+} (x+1) = 1 \neq f(1)$，故 $f(x)$ 在 $x = 1$ 处不右连续.

因此由定理 1.9 知，函数 $f(x)$ 在 $x = 1$ 处不连续.

以上是介绍函数在一点处连续的概念，下面介绍连续函数的概念.

定义 1.19 如果函数 $f(x)$ 在区间 (a, b) 内每一点都连续，称 $f(x)$ 为 (a, b) 内的**连续函数**.

如果函数 $f(x)$ 在 (a, b) 内连续，且在左端点 $x = a$ 处右连续，在右端点 $x = b$ 处左连续，则称 $f(x)$ 在闭区间 $[a, b]$ 上连续.

例 1.36 证明：函数 $y = \sin x$ 在 $(-\infty, +\infty)$ 内是连续的.

证明 任取 $x_0 \in (-\infty, +\infty)$，则

$$\Delta y = f(x_0 + \Delta x) - f(x_0) = \sin(x_0 + \Delta x) - \sin x_0$$

$$= 2\cos\left(x_0 + \frac{\Delta x}{2}\right)\sin \frac{\Delta x}{2}$$

由于

$$\lim_{\Delta x \to 0} \Delta y = 2 \lim_{\Delta x \to 0} \cos\left(x_0 + \frac{\Delta x}{2}\right)\sin \frac{\Delta x}{2}$$

故当 $\Delta x \to 0$ 时，由无穷小的性质知，$\lim\limits_{\Delta x \to 0} \Delta y = 0$.

由定义 1.17 知，$y = \sin x$ 在 x_0 处连续，而 x_0 是在 $(-\infty, +\infty)$ 内任取的，故 $y = \sin x$ 在 $(-\infty, +\infty)$ 内是连续的.

类似地，可以验证 $y = \cos x$ 在定义区间内是连续的.

1.4.2 函数的间断点

定义 1.20 如果函数 $y = f(x)$ 在点 x_0 处不连续，则称 $f(x)$ 在 x_0 处间断，x_0 称为 $f(x)$ 的间断点.

根据定义 1.18，函数 $y = f(x)$ 在点 x_0 处连续必须满足的三个条件，换句话说，只要其中一个条件不满足，函数 $f(x)$ 就在 x_0 处间断. 因此 $f(x)$ 在 x_0 处出现间断的情形有下列三种：

(1) 在 $x = x_0$ 处无定义；

(2) 在 $x = x_0$ 处虽然有定义，但是 $\lim\limits_{x \to x_0} f(x)$ 不存在；

（3）在 $x = x_0$ 处有定义，$\lim\limits_{x \to x_0} f(x)$ 存在，但是 $\lim\limits_{x \to x_0} f(x) \neq f(x_0)$.

$f(x)$ 在 x_0 处只要符合上述三种情形之一，则函数 $f(x)$ 在 x_0 处必间断.

下面举几个函数间断的例子：

（1）函数 $f(x) = \dfrac{1}{x}$ 在 $x = 0$ 处无定义，所以 $x = 0$ 是 $f(x) = \dfrac{1}{x}$ 的间断点.

（2）符号函数 $f(x) = \operatorname{sgn} x = \begin{cases} -1 & (x < 0) \\ 0 & (x = 0) \\ 1 & (x > 0) \end{cases}$ 在 $x = 0$ 处，由于

$$\lim\limits_{x \to 0^-} f(x) = \lim\limits_{x \to 0^-}(-1) = -1, \quad \lim\limits_{x \to 0^+} f(x) = \lim\limits_{x \to 0^+} 1 = 1$$

即在 $x = 0$ 处函数左、右极限不相等，故 $\lim\limits_{x \to 0} f(x)$ 不存在，因此 $x = 0$ 是此函数的间断点.

（3）函数 $f(x) = \begin{cases} \dfrac{\sin 5x}{x} & (x \neq 0) \\ 0 & (x = 0) \end{cases}$ 在 $x = 0$ 处，由于

$$\lim\limits_{x \to 0} f(x) = \lim\limits_{x \to 0} \frac{\sin 5x}{x} = 5$$

而 $f(0) = 0$，故 $\lim\limits_{x \to 0} f(x) \neq f(0)$，$x = 0$ 是此函数的间断点.

从上面的例子看出，函数 $f(x)$ 在 x_0 处虽然都是间断，但产生间断的原因各不相同. 根据这一特点，下面对间断点进行分类：

如果 $f(x_0^-)$ 与 $f(x_0^+)$ 都存在，则称 x_0 为 $f(x)$ 的**第一类间断点**，否则称为**第二类间断点**.

在第一类间断点中，如果 $f(x_0^-) = f(x_0^+)$，则称 x_0 为 $f(x)$ 的**可去间断点**；如果 $f(x_0^-) \neq f(x_0^+)$，则称 x_0 为 $f(x)$ 的**跳跃间断点**.

在上面的例子中，在（2）中 $x = 0$ 是跳跃间断点，在（3）中 $x = 0$ 是可去间断点.

在第二类间断点中，如果 $f(x_0^-)$ 与 $f(x_0^+)$ 至少有一个为 ∞，则称 x_0 为 $f(x)$ 的**无穷间断点**；如果 $f(x_0^-)$ 与 $f(x_0^+)$ 至少有一个是不断振荡的，则称 x_0 为 $f(x)$ 的**振荡间断点**.

在上例（1）中，$x = 0$ 是无穷间断点.

再如 $y = \sin \dfrac{1}{x}$，$x = 0$ 为函数的间断点. 当 $x \to 0$ 时，函数在 -1 和 1 之间出现无限次的振荡，如图 1.23 所示，则 $x = 0$ 为振荡间断点.

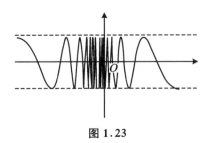

图 1.23

1.4.3 初等函数的连续性

定理 1.10 设函数 $f(x)$ 与 $g(x)$ 在 x_0 处连续,则其和、差、积、商(分母在 x_0 处函数值不为零)在 x_0 处也连续.

定理 1.11 设函数 $y = f(\varphi(x))$ 由 $y = f(u)$ 和 $u = \varphi(x)$ 复合而成,且 $y = f(u)$ 在 u_0 处连续,$u = \varphi(x)$ 在 x_0 处极限 $\lim\limits_{x \to x_0} \varphi(x) = u_0$ 存在,则

$$\lim_{x \to x_0} f(\varphi(x)) = \lim_{u \to u_0} f(u) = f(u_0) = f(\lim_{x \to x_0} \varphi(x))$$

注 内函数的极限存在,外函数在该极限点连续,则求复合函数的极限时极限符号可以与外函数符号互换.

例 1.37 求 $\lim\limits_{x \to 3} \sqrt{\dfrac{x-3}{x^2-9}}$.

解 $y = \sqrt{\dfrac{x-3}{x^2-9}}$ 由 $y = \sqrt{u}$ 和 $u = \dfrac{x-3}{x^2-9}$ 复合而成,且 $\lim\limits_{x \to 3} \dfrac{x-3}{x^2-9} = \dfrac{1}{6}$,$y = \sqrt{u}$ 在 $u = \dfrac{1}{6}$ 处连续,则

$$\lim_{x \to 3} \sqrt{\frac{x-3}{x^2-9}} = \sqrt{\lim_{x \to 3} \frac{x-3}{x^2-9}} = \sqrt{\frac{1}{6}} = \frac{\sqrt{6}}{6}$$

在定理 1.11 中,如果把条件 $\lim\limits_{x \to x_0} \varphi(x) = u_0$ 改为 $u = \varphi(x)$ 在 $x = x_0$ 处连续,且 $\varphi(x_0) = u_0$ 结论仍然成立,即

$$\lim_{x \to x_0} f(\varphi(x)) = f(\lim_{x \to x_0} \varphi(x)) = f(\varphi(x_0))$$

例 1.38 求 $\lim\limits_{x \to 0} \sqrt{x^2 - 2x + 5}$.

解 $y = \sqrt{x^2 - 2x + 5}$ 由 $y = \sqrt{u}$ 和 $u = x^2 - 2x + 5$ 复合而成. $u = x^2 - 2x + 5$ 在 $x = 0$ 处连续,$u(0) = 5$;$y = \sqrt{u}$ 在 $u = 5$ 处连续,则

$$\lim_{x \to 0} \sqrt{x^2 - 2x + 5} = \sqrt{0^2 - 2 \cdot 0 + 5} = \sqrt{5}$$

由于初等函数是由基本初等函数经过有限次的四则运算和有限次的复合构成的,结合定理 1.10 和定理 1.11 知,初等函数在定义区间是连续的.

定理 1.12 初等函数在其定义区间内是连续的.

例 1.39 求 $\lim\limits_{x \to 0} \dfrac{\sqrt{x^2 + 9} - 3}{x^2}$.

解 $\lim\limits_{x \to 0} \dfrac{\sqrt{x^2 + 9} - 3}{x^2} = \lim\limits_{x \to 0} \dfrac{x^2}{x^2(\sqrt{x^2 + 9} + 3)} = \lim\limits_{x \to 0} \dfrac{1}{\sqrt{x^2 + 9} + 3} = \dfrac{1}{6}$.

例 1.40 求 $\lim\limits_{x \to 0} \dfrac{\ln(1 + x)}{x}$.

解 $\lim\limits_{x \to 0} \dfrac{\ln(1 + x)}{x} = \lim\limits_{x \to 0} \dfrac{1}{x} \ln(1 + x) = \lim\limits_{x \to 0} \ln(1 + x)^{\frac{1}{x}} = \ln \lim\limits_{x \to 0} (1 + x)^{\frac{1}{x}} = \ln e = 1$.

例 1.41 求 $\lim\limits_{x \to 0} \dfrac{e^x - 1}{x}$.

解　令 $e^x - 1 = t$,则 $x = \ln(1 + t)$,当 $x \to 0$ 时,$t \to 0$,则

$$\lim_{x \to 0} \frac{e^x - 1}{x} = \lim_{t \to 0} \frac{t}{\ln(1 + t)} = \frac{1}{\lim_{t \to 0} \frac{\ln(1 + t)}{t}} = 1$$

例 1.42　求 $\lim\limits_{x \to 0}(1 + 2\tan^2 x)^{\cot^2 x}$.

解　由于

$$(1 + 2\tan^2 x)^{\cot^2 x} = e^{\cot^2 x \cdot \ln(1 + 2\tan^2 x)}$$

当 $x \to 0$ 时,$\ln(1 + 2\tan^2 x) \sim 2\tan^2 x$,故

$$\lim_{x \to 0}(1 + 2\tan^2 x)^{\cot^2 x} = \lim_{x \to 0} e^{\cot^2 x \cdot \ln(1 + 2\tan^2 x)} = e^{\lim_{x \to 0}\cot^2 x \cdot \ln(1 + 2\tan^2 x)} = e^{2\lim_{x \to 0}\cot^2 x \cdot \tan^2 x} = e^2$$

一般地,形如 $(1 + u(x))^{v(x)}$ 的函数称为**幂指函数**. 如果

$$\lim u(x) = 0, \quad \lim v(x) = \infty$$

则

$$\lim(1 + u(x))^{v(x)} = e^{\lim v(x) \cdot \ln(1 + u(x))} = e^{\lim v(x) \cdot u(x)}$$

1.4.4　闭区间上连续函数的性质

在 1.4.1 节中已经介绍了函数 $y = f(x)$ 在闭区间 $[a, b]$ 连续的概念,下面继续讨论闭区间 $[a, b]$ 上连续函数的性质.

1. 最值定理

定理 1.13(最值定理)　闭区间上连续的函数在该区间上一定存在最大值和最小值.

此定理说明,如果函数 $f(x) \in C[a, b]$,如图 1.24 所示,若至少存在一点 $\xi_1 \in [a, b]$,$f(\xi_1) = m$,$\forall x \in [a, b]$,都有 $f(x) \geqslant m$,则 m 是 $f(x)$ 在 $[a, b]$ 上的最小值. 若至少存在一点 $\xi_2 \in [a, b]$,$f(\xi_2) = M$,$\forall x \in [a, b]$,都有 $f(x) \leqslant M$,则 M 是 $f(x)$ 在 $[a, b]$ 上的最大值.

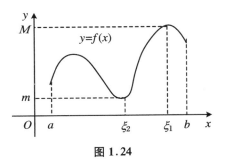

图 1.24

注　定理 1.13 中条件"闭区间"和"连续"很重要,如果缺少一个,则定理 1.13 不一定成立.

例如,函数 $y = x$ 在开区间 $(0, 2)$ 内虽然连续,但是没有最大值和最小值(图 1.25).

函数 $y = \begin{cases} -x + 1 & (0 \leqslant x < 1) \\ 0 & (x = 1) \\ -x + 3 & (1 < x \leqslant 2) \end{cases}$　在闭区间 $[0, 2]$ 上不连续,不存在最大值和最小值(图 1.26).

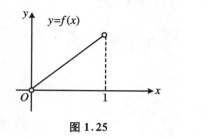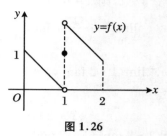

图 1.25   图 1.26

由于闭区间上连续函数存在最大值和最小值,因此闭区间上连续函数必定有界.

推论 1.4　闭区间上连续函数在该区间上有界.

2. 介值定理

定理 1.14(介值定理)　函数 $f(x)$ 在 $[a,b]$ 上连续,M 和 m 分别是 $f(x)$ 在 $[a,b]$ 上的最大值和最小值,则至少存在一点 $\xi\in[a,b]$,使得 $m\leqslant f(\xi)\leqslant M$(图 1.27).

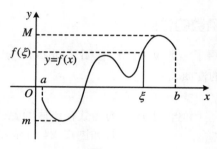

图 1.27

定理 1.15(零点定理)　函数 $f(x)$ 在 $[a,b]$ 上连续,且 $f(a)\cdot f(b)<0$,则在开区间 (a,b) 内至少存在一点 ξ,使得 $f(\xi)=0$(图 1.28).

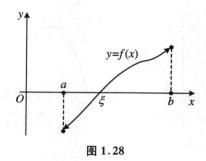

图 1.28

例 1.43　证明:方程 $x^5-2x^2-1=0$ 在区间 $(1,2)$ 内至少有一个根.

解　设 $f(x)=x^5-2x^2-1$,显然 $f(x)$ 在 $[1,2]$ 上连续,而
$$f(1)=-2<0,\quad f(2)=23>0$$
由零点定理知,至少存在一点 $\xi\in(1,2)$,使得 $f(\xi)=0$.即 $x^5-2x^2-1=0$ 在区间 $(1,2)$ 内至少有一个根 ξ.

例 1.44　设函数 $f(x)$ 在区间 $[a,b]$ 上连续,且 $f(a)<a,f(b)>b$.证明:至少存在一点 $\xi\in(a,b)$,使得 $f(\xi)=\xi$.

证明　设 $\varphi(x)=f(x)-x$，显然 $\varphi(x)$ 在 $[a,b]$ 上连续，而
$$\varphi(a)=f(a)-a<0,\quad \varphi(b)=f(b)-b>0$$
由零点定理知，至少存在一点 $\xi\in(a,b)$，使得 $\varphi(\xi)=0$. 即 $f(\xi)=\xi$.

注　在应用零点定理时，一定要注意检验函数是否满足定理使用的条件.

习　题　1.4

1. 用定义证明：$y=\cos x$ 在 $(-\infty,+\infty)$ 内是连续的.

2. 讨论下列函数在指定点处的连续性，如果间断，说明间断点的类型；如果是可去间断点，补充或改变函数的定义使其连续.

(1) $y=\dfrac{x^2-1}{x^2-2x-3}$，在 $x=-1,x=1,x=3$ 处；

(2) $y=\begin{cases}\dfrac{\tan 2x}{x} & (x\neq 0)\\ 0 & (x=0)\end{cases}$，在 $x=0$ 处；

(3) $y=\begin{cases}\mathrm{e}^{\frac{1}{x}} & (x\neq 0)\\ 0 & (x=0)\end{cases}$，在 $x=0$ 处；

(4) $y=\arctan\dfrac{1}{x}$，在 $x=0$ 处.

3. 讨论函数 $f(x)=\lim\limits_{n\to\infty}\dfrac{x^{2n+2}-1}{x^{2n}+1}$ 的连续性，如果间断，说明间断点的类型.

4. 已知函数 $f(x)=\begin{cases}\dfrac{\ln(1-3x)}{bx} & (x<0)\\ 2 & (x=0)\\ \dfrac{\sin ax}{x} & (x>0)\end{cases}$ 在 $x=0$ 处连续，求 a 和 b 的值.

5. 求下列极限：

(1) $\lim\limits_{x\to 0}\sqrt[3]{x^3-x+6}$；

(2) $\lim\limits_{x\to 0}(\sin 2x)^3$；

(3) $\lim\limits_{x\to 4}\dfrac{\sqrt{2x+1}-3}{\sqrt{x}-2}$；

(4) $\lim\limits_{x\to 0}\ln\dfrac{\sin 3x}{x}$；

(5) $\lim\limits_{x\to\alpha}\dfrac{\tan x-\tan\alpha}{x-\alpha}$；

(6) $\lim\limits_{n\to\infty}\sqrt{n}(\sqrt{n+3}-\sqrt{n+4})$；

(7) $\lim\limits_{x\to 0}\dfrac{\ln(1+x)}{\sqrt{1+x}-1}$；

(8) $\lim\limits_{x\to\infty}\left(1+\dfrac{1}{x}\right)^{\frac{x}{3}}$.

6. 证明：方程 $x\mathrm{e}^x=x+\cos\dfrac{\pi}{2}x$ 至少有一个实根.

7. 证明：若 $f(x)$ 与 $g(x)$ 都在 $[a,b]$ 上连续，且 $f(a)<g(a),f(b)>g(b)$，则存在点 $c\in(a,b)$，使得 $f(c)=g(c)$.

8. 证明：方程 $x=a\sin x+b(a>0,b>0)$ 至少有一个正根，且它不超过 $a+b$.

9. 证明：函数 $f(x)=x^4-2x-4$ 在 $(-2,2)$ 之间至少有 2 个零点.

第 2 章　导数与微分

在前面我们已经系统地介绍了函数的极限和函数的连续性.有了这些基础知识后,我们可以来介绍微分学了.微分学包括函数的导数和微分以及它们的应用.函数的导数反映了函数相对于自变量的变化快慢程度,而微分则刻画了当自变量有微小变化时,函数大体上变化多少.

2.1　导数的概念

2.1.1　引出导数概念的实例

为了便于理解,我们从两个不同的实例引出导数的概念.

引例 2.1　已知某物体做自由落体运动,其运动规律(即位移函数)为 $s = s(t) = \frac{1}{2}gt^2(t \in [0, T])$.试讨论 t_0 时刻落体的速度$(t_0 \in [0, T])$.

解　先取一邻近于 t_0 的时刻 t,落体在$[t_0, t]$这一段时间内的平均速度为

$$\bar{v}[t_0, t] = \frac{s(t) - s(t_0)}{t - t_0} = \frac{\Delta s}{\Delta t} = \frac{\frac{1}{2}t^2 - \frac{1}{2}gt_0^2}{t - t_0} = \frac{1}{2}g(t + t_0)$$

因为 $s = s(t)$ 在 t_0 处连续,所以 $\bar{v}[t_0, t]$ 反映了落体在 t 时刻的近似快慢程度,显然当 t 越接近于 t_0 时,这种近似精确度越高.

于是,定义:$v(t_0) = \lim_{t \to t_0}\bar{v} = \lim_{t \to t_0}\frac{s(t) - s(t_0)}{t - t_0} = \lim_{t \to t_0}\frac{1}{2}g(t + t_0) = gt_0$.

一般地,一质点做直线运动,设其位移函数为 $s = f(t)$,若 t_0 为某一确定的时刻,则称极限$\lim_{t \to t_0}\frac{f(t) - f(t_0)}{t - t_0}$为质点在时刻 t_0 的速度或变化率.

引例 2.2　设曲线 C 是函数 $y = f(x)$ 的图形,$P_0(x_0, y_0)$ 为曲线 C 上的一点,求曲线 C 在 P_0 的切线斜率.

什么是曲线的切线? 在曲线 C 上点 P_0 附近任取一点 P,通过 P_0,P 的直线称为曲线 C 的割线.当点 P 沿着曲线趋于点 P_0 时,若割线 P_0P 绕点 P_0 旋转而趋于极限位置 P_0T,则直线 P_0T 就称为曲线 C 在点 P_0 处的切线(图 2.1).

假设 Δx 是自变量 x 在 x_0 处的增量,Δy 是相应的函数 y 的增量,从而得到 $\Delta y = f(x_0 + \Delta x) - f(x_0)$,则割线 P_0P 的斜率为

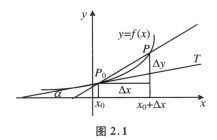

图 2.1

$$\tan \varphi = \frac{\Delta y}{\Delta x} = \frac{f(x_0 + \Delta x) - f(x_0)}{\Delta x}$$

式中, φ 为割线 $P_0 P$ 的倾角。当点 P 沿着曲线 C 无限地接近于点 P_0 时, 割线 $P_0 P$ 将无限地接近于切线 $P_0 P$, 割线 $P_0 P$ 的斜率将无限地接近于切线 $P_0 P$ 的斜率. 因此, 可以认为, 当 $\Delta x \to 0$ 时, 割线 $P_0 P$ 的斜率的极限(如果存在的话)就是曲线 C 在点 P_0 处的切线的斜率, 即

$$\tan \alpha = \lim_{\varphi \to \alpha} \tan \alpha = \lim_{\Delta x \to 0} \frac{\Delta y}{\Delta x} = \lim_{\Delta x \to 0} \frac{f(x_0 + \Delta x) - f(x_0)}{\Delta x}$$

因此曲线 $y = f(x)$ 在点 $P_0(x_0, y_0)$ 处的切线斜率 $\tan \alpha$ 是函数 $y = f(x)$ 的增量 Δy 与自变量 x 的增量 Δx 的比值 $\dfrac{\Delta y}{\Delta x}$ 当 $\Delta x \to 0$ 时的极限.

从这两个实例可以看出, 虽然它们所表示的实际意义不同, 但都可以归纳为同一个数学模型, 即都是计算函数的增量 Δy 与其自变量的增量 Δx 之比值 $\dfrac{\Delta y}{\Delta x}$ 当 $\Delta x \to 0$ 时的极限, 即

$$\lim_{\Delta x \to 0} \frac{\Delta y}{\Delta x} = \lim_{\Delta x \to 0} \frac{f(x_0 + \Delta x) - f(x_0)}{\Delta x}$$

这个比值的极限反映了因变量在某一点处随自变量变化的快慢程度. 撇开它们的实际意义, 将它们在数量关系方面的共性抽象出来, 就得到函数的变化率-导数的概念.

2.1.2　导数的定义

定义 2.1　假设函数 $y = f(x)$ 在 x_0 某个领域内有定义, 有自变量 x 在点 x_0 处增量 $\Delta x (\Delta x + x_0$ 范围仍在领域内), 从而有函数 $y = f(x)$ 取得相应的增量 $\Delta y = f(x_0 + \Delta x) - f(x_0)$.

假设当 $\Delta x \to 0$ 时, $\dfrac{\Delta y}{\Delta x}$ 的极限存在, 则函数 $y = f(x)$ 在点 x_0 处可导, 将该值称为函数 $y = f(x)$ 在 x_0 的导出, 用符号 $f'(x_0)$ 表示, 计算为

$$f'(x_0) = \lim_{\Delta x \to 0} \frac{\Delta y}{\Delta x} = \lim_{\Delta x \to 0} \frac{f(x_0 + \Delta x) - f(x_0)}{\Delta x}$$

也可用 $y'|_{x=x_0}, \dfrac{\mathrm{d}f}{\mathrm{d}x}\Big|_{x=x_0}, \dfrac{\mathrm{d}y}{\mathrm{d}x}\Big|_{x=x_0}$ 表示.

若上述极限值不存在, 则称函数 $y = f(x)$ 在点 x_0 处不可导. 假设不可导的原因是当

$\Delta x \to 0$ 时 $\dfrac{\Delta y}{\Delta x} \to \infty$，为了方便起见，也可以说函数 $f = f(x)$ 在点 x_0 处的导数为无穷大.

$\dfrac{\Delta y}{\Delta x} = \dfrac{f(x_0 + \Delta x) - f(x_0)}{\Delta x}$ 反映的是自变量 x 从 x_0 变到 $x_0 + \Delta x$ 时，函数 $y = f(x)$ 的平均变化速度，称为函数的平均变化率；而导数

$$f'(x_0) = \lim_{\Delta x \to 0} \frac{\Delta y}{\Delta x} = \lim_{\Delta x \to 0} \frac{f(x_0 + \Delta x) - f(x_0)}{\Delta x}$$

反映的是函数 $y = f(x)$ 在点 x_0 处的变化速度，称为函数在点 x_0 处的变化率.

令 $x = x_0 + \Delta x$，则 $\Delta x = x - x_0$，$\Delta y = f(x) - f(x_0)$，从而得到 $f'(x_0)$，也可记为

$$f'(x_0) = = \lim_{x \to x_0} \frac{f(x) - f(x_0)}{x - x_0}$$

定义 2.2 若函数 $f(x)$ 在区间 (a,b) 内每一点 x 处都可导，则称函数 $y = f(x)$ 在区间 (a,b) 内可导. 此时对于区间 (a,b) 内每一点 x，都有一个导数 $f'(x)$ 与它对应，这样就定义了一个新的函数，称为函数 $y = f(x)$ 在区间 (a,b) 内对 x 的导函数，简称为导数，记作

$$f'(x) \quad \text{或} \quad y', \quad \frac{\mathrm{d}f}{\mathrm{d}x}, \quad \frac{\mathrm{d}y}{\mathrm{d}x}$$

从而得到 $f'(x) = \lim\limits_{\Delta x \to 0} \dfrac{\Delta y}{\Delta x} = \lim\limits_{\Delta x \to 0} \dfrac{f(x + \Delta x) - f(x)}{\Delta x}$.

显然，函数 $y = f(x)$ 在点 x_0 处的导数 $f'(x_0)$ 就是导函数 $f'(x)$ 在点 x_0 处的函数值，即

$$f'(x_0) = f'(x) \,|\, x = x_0$$

显然，函数 $y = f(x)$ 在点 x_0 处的导数 $f'(x_0)$ 就是导函数 $f'(x)$ 在点 x_0 处的函数值，即 $f'(x_0) = f'(x)|x = x_0$.

根据导数的定义，前面两个例子可以叙述为：

(1) 变速直线运动的物体的瞬时速度是路程 s 对时间 t 的导数，即 $v(t) = s' = \dfrac{\mathrm{d}s}{\mathrm{d}t}$.

(2) 曲线 $y = f(x)$ 在点 x 处的切线斜率是函数 y 对自变量 x 的导数，即 $\tan \alpha = f'(x) = \dfrac{\mathrm{d}y}{\mathrm{d}x}$.

用导数的定义求导数的方法概括为以下几个步骤：

(1) 给出自变量 x 的增量 Δx，求出相应的函数的增量 $\Delta y = f(x + \Delta x) - f(x)$.

(2) 求出比值 $\dfrac{\Delta y}{\Delta x} = \dfrac{f(x + \Delta x) - f(x)}{\Delta x}$.

(3) 求当 $\Delta x \to 0$ 时，$\dfrac{\Delta y}{\Delta x}$ 的极限，即 $f'(x_0) = \lim\limits_{\Delta x \to 0} \dfrac{\Delta y}{\Delta x} = \lim\limits_{\Delta x \to 0} \dfrac{f(x_0 + \Delta x) - f(x_0)}{\Delta x}$.

例 2.1 已知函数 $y = c$（c 为常数），求函数导数.

解 对自变量 x 的增量 Δx，有 $\Delta y = f(x + \Delta x) - f(x) = c - c = 0$.

由此得到 $\dfrac{\Delta y}{\Delta x} = \dfrac{f(x + \Delta x) - f(x)}{\Delta x} = \dfrac{0}{\Delta x} = 0$.

因此得到 y' 导数为 $c' = \lim\limits_{\Delta x \to 0} \dfrac{\Delta y}{\Delta x} = 0$.

通过分析得到常数函数导数为 0.

例 2.2　已知函数 $y = f(x) = x^n (n \in \mathbf{Z}_+)$，求函数导数.

解　按照导数定义得到

$$\frac{\Delta y}{\Delta x} = \lim_{\Delta x \to 0} \frac{f(x + \Delta x) - f(x)}{\Delta x} = \frac{(x + \Delta x)^n - x^n}{\Delta x}$$

$$= \lim_{\Delta x \to 0} \frac{nx^{n-1}\Delta x + \dfrac{n(n-1)}{2!}x^{n-2}(\Delta x)^2 + \cdots + (\Delta x)^n}{\Delta x}$$

$$= nx^{n-1} + \frac{n(n-1)}{2!}x^{n-2}\Delta x + \cdots + (\Delta x)\, n - 1$$

从而得到 $(x^n)' = \lim\limits_{\Delta x \to 0} \dfrac{\Delta y}{\Delta x} = nx^{n-1}$.

例 2.3　假设函数 $y = f(x) = \sin x$，求函数导数.

解　按照导数定义得到

$$\frac{\Delta y}{\Delta x} = \lim_{\Delta x \to 0} \frac{f(x + \Delta x) - f(x)}{\Delta x} = \lim_{\Delta x \to 0} \frac{\sin(x + \Delta x) - \sin(x)}{\Delta x}$$

$$= \lim_{\Delta x \to 0} \frac{2\sin\left(\dfrac{\Delta x}{2}\right)\cos\left(x + \dfrac{\Delta x}{2}\right)}{\Delta x} = \lim_{\Delta x \to 0} \left(\cos\left(x + \frac{\Delta x}{2}\right)\right)\frac{\sin\left(\dfrac{\Delta x}{2}\right)}{\dfrac{\Delta x}{2}} = \cos x$$

由此得到正弦函数导数是余弦函数.

同理得到 $(\cos x)' = -\sin x$.

例 2.4　假设函数 $y = f(x) = a^x (a > 0, a \neq 1)$，求函数导数.

解　按照导数定义得到

$$\frac{\Delta y}{\Delta x} = \lim_{\Delta x \to 0} \frac{f(x + \Delta x) - f(x)}{\Delta x}$$

$$= \lim_{\Delta x \to 0} \frac{a^{x+\Delta x} - a^x}{\Delta x} = a^x \lim_{\Delta x \to 0} \frac{a^{\Delta x} - 1}{\Delta x} = a^x \ln a$$

由此得到 $(a^x)' = a^x \ln a$，当 $a = \mathrm{e}$ 时，$(\mathrm{e}^x)' = \mathrm{e}^x \ln \mathrm{e} = \mathrm{e}^x$.

例 2.5　假设函数 $y = f(x) = \log_a x (x > 0, a \neq 1, a > 0)$，求函数导数.

解　按照导数定义得到

$$\frac{\Delta y}{\Delta x} = \lim_{\Delta x \to 0} \frac{f(x + \Delta x) - f(x)}{\Delta x}$$

$$= \lim_{\Delta x \to 0} \frac{\log_a(x + \Delta x) - \log_a(x)}{\Delta x} = \lim_{\Delta x \to 0} \frac{\log_a\left(\dfrac{x + \Delta x}{x}\right)}{\Delta x}$$

$$= \frac{1}{x}\log_a \mathrm{e} = \frac{1}{x \ln a}$$

由此得到 $(\log_a x)' (x > 0, a \neq 1, a > 0) = \dfrac{1}{x \ln a}$.

当 $a = \mathrm{e}$ 时，可简化为 $(\ln x)' = \dfrac{1}{x}$.

2.1.3 单侧导数

引例 2.3 假设函数为 $f(x) = |x|$,求解函数在 $x=1, x=0$ 导数.

解 在 $x=1$ 时,根据导数定义得到 $\dfrac{\Delta y}{\Delta x} = \lim\limits_{\Delta x \to 0} \dfrac{|1 + \Delta x| - |1|}{\Delta x} = 1$.

由此得到函数 $f(x) = |x|$ 在 $x=1$ 导数为**可导**,为 $f'(1) = 1$.

在 $x=0$ 处,根据导数定义得到 $\dfrac{\Delta y}{\Delta x} = \lim\limits_{\Delta x \to 0} \dfrac{|0 + \Delta x| - |0|}{\Delta x} = \lim\limits_{\Delta x \to 0} \dfrac{|\Delta x|}{\Delta x}$.

不难发现右极限为 $\lim\limits_{\Delta x \to 0^+} \dfrac{|\Delta x|}{\Delta x} = 1$,左极限为 $\lim\limits_{\Delta x \to 0^-} \dfrac{|\Delta x|}{\Delta x} = -1$.

由此可见左右极限不相等,从而得到 $f(x) = |x|$ 在 $x=0$ 处不可导.由此得到如下定义:

定义 2.5 假设函数 $y = f(x)$ 在 x_0 的某一领域内有定义,存在

$$\frac{\Delta y}{\Delta x} = \lim_{\Delta x \to 0^+} \frac{f(x + \Delta x) - f(x)}{\Delta x} = A$$

称函数 $y = f(x)$ 在 x_0 的右导数存在,A 为函数 $y = f(x)$ 在 x_0 右导数,用符号 $f'_+(x_0)$ 表示;假设存在 $\dfrac{\Delta y}{\Delta x} = \lim\limits_{\Delta x \to 0^-} \dfrac{f(x + \Delta x) - f(x)}{\Delta x} = B$,称函数 $y = f(x)$ 在 x_0 的左导数存在,B 为函数 $y = f(x)$ 在 x_0 左导数,用符号 $f'_-(x_0)$ 表示.将左导数与右侧导数统称为单侧导数.

由此,得到函数 $y = f(x)$ 在 x_0 可导,则函数 $y = f(x)$ 在 x_0 左、右导数存在且相等;反之,函数 $y = f(x)$ 在 x_0 的左、右导数存在且相应,说明函数 $y = f(x)$ 在 x_0 处可导.

例 2.6 求函数 $f(x) = \begin{cases} x^2 & (x \leqslant 1) \\ 2x - 1 & (x > 1) \end{cases}$ 在 $x=1$ 处导数.

解

$$
\begin{aligned}
f'_-(1) &= \lim_{x \to 0^-} \frac{f(1 + \Delta x) - f(1)}{\Delta x} \\
&= \lim_{x \to 0^-} \frac{(1 + \Delta x)^2 - 1^2}{\Delta x} = \lim_{x \to 0^-}(2 + \Delta x) = 2 \\
f'_+(1) &= \lim_{x \to 0^+} \frac{f(1 + \Delta x) - f(1)}{\Delta x} \\
&= \lim_{x \to 0^+} \frac{2(1 + \Delta x) - 1 - 1}{\Delta x} = \lim_{x \to 0^+}(2) = 2
\end{aligned}
$$

由此得到 $f'_+(1) = f'_-(1) = 2$,说明 $f(x)$ 在 $x=1$ 处可导,$f'(1) = 2$.

例 2.7 已知函数 $f(x) = \mathrm{e}^{|x|}$,求在点 $x=0$ 处的可导性.

可将函数转化为 $f(x) = \begin{cases} \mathrm{e}^x & (x > 0) \\ 1 & (x = 0) \\ \mathrm{e}^{-x} & (x < 0) \end{cases}$.

左右导数分别为

$$f'_-(0) = \lim_{x \to 0^-} \frac{f(x) - f(0)}{x - 0} = \lim_{x \to 0^-} \frac{\mathrm{e}^{-x} - 1}{x} = -1$$

$$f'_+(0) = \lim_{x \to 0^+} \frac{f(x) - f(0)}{x - 0} = \lim_{x \to 0^+} \frac{e^x - 1}{x} = 1$$

因为 $f'_-(0) \neq f'_+(0)$，所以 $f'(0)$ 不存在. 从而得到 $f(x)$ 在 $x = 0$ 处不可导.

2.1.4　导数的几何意义

定义 2.4　若函数 $y = f(x)$ 在开区间 (a, b) 内每一点处都可导，则称函数 $y = f(x)$ 在开区间 (a, b) 内可导.

一般地，若函数 $y = f(x)$ 在开区间 (a, b) 内可导，则对开区间 (a, b) 内任意点 x，都有唯一确定的值 $y = f(x)$ 与之对应. 因此，在开区间 (a, b) 内建立了一个新的函数 $y = f(x)$，称为 $y = f(x)$ 的导函数，简称为导数，记为 $f'(x)$ 或 y'，$\dfrac{\mathrm{d}y}{\mathrm{d}x}$.

定义 2.1 中已构建了 $f'(x_0) = \lim\limits_{x \to x_0} \dfrac{f(x) - f(x_0)}{x - x_0}$. 由此得到导数几何意义是：函数 $y = f(x)$ 在 x_0 的导数 $f'(x_0)$ 等于函数图像在点 $(x_0, f(x_0))$ 处的切线的斜率，且切线方程为 $y - f(x_0) = f'(x_0)(x - x_0)$.

当 $f'(x_0) \neq 0$ 时，法线方程为 $y - f(x_0) = -\dfrac{1}{f'(x_0)}(x - x_0)$.

例 2.8　在等边双曲线 $y = \dfrac{1}{x}$ 上求一点，使得曲线在该点的切线平行于直线 $y = 1 - 4x$，并写出该点处的切线方程与法线方程.

解　已知直线的斜率为 $k = -4$，双曲线 $y = \dfrac{1}{x}$ 上任一点 (x, y) 处的切线斜率为 $y' = -\dfrac{1}{x^2}$，设 $-\dfrac{1}{x^2} = -4$，得到 $x = \dfrac{1}{2}$，$y = 2$ 或 $x = -\dfrac{1}{2}$，$y = -2$，于是所求的点为 $\left(\dfrac{1}{2}, 2\right)$ 或 $\left(-\dfrac{1}{2}, -2\right)$，过点 $\left(\dfrac{1}{2}, 2\right)$ 的切线方程为 $y - 2 = -4\left(x - \dfrac{1}{2}\right)$，即 $4x + y - 4 = 0$.

法线方程为 $y - 2 = \dfrac{1}{4}\left(x - \dfrac{1}{2}\right)$，即 $2x - 8y + 15 = 0$.

过点 $\left(-\dfrac{1}{2}, -2\right)$ 的切线方程为 $y + 2 = -4\left(x + \dfrac{1}{2}\right)$，即 $4x + y + 4 = 0$.

法线方程为 $y + 2 = \dfrac{1}{4}\left(x + \dfrac{1}{2}\right)$，即 $2x - 8y - 15 = 0$.

2.1.5　可导与连续关系

可导性与连续性之间有着密切的关系，但它们并不是完全等价的概念. 以下是它们之间的关系：

可导必连续　如果一个函数在某点可导，那么它在该点一定是连续的. 这是因为可导的定义依赖于函数的极限，而极限存在的前提是函数在该点连续.

连续不一定可导　反过来，如果一个函数在某点连续，并不意味着它在该点可导。例如，绝对值函数 $f(x) = |x|$ 在 $x = 0$ 处是连续的，但在该点不可导，因为左右导数不相等.

简而言之,函数的可导性是比连续性更强的条件.可导性要求函数在该点不仅连续,而且还要求其导数存在.

证明　设函数 $y = f(x)$ 在点 x_0 处可导,即 $\lim\limits_{\Delta x \to 0} \dfrac{\Delta y}{\Delta x} = f'(x_0)$,则 $\dfrac{\Delta y}{\Delta x} = f'(x_0) + \alpha$($\alpha$ 为 $\Delta x \to 0$ 时的无穷小,即 $\lim\limits_{\Delta x \to 0} \alpha = 0$),因此 $\Delta y = f'(x_0)\Delta x + \alpha \cdot \Delta x$,所以

$$\lim_{\Delta x \to 0} \Delta y = \lim_{\Delta x \to 0}[f'(x_0) \cdot \Delta x + \alpha \cdot \Delta x] = 0$$

说明函数 $y = f(x)$ 在点 x_0 处连续.

习　题　2.1

1. 设物体绕定轴旋转,在时间间隔 $[0, t]$ 内转过的角度为 θ,从而转角 θ 是 t 的函数 $\theta = \theta(t)$.如果旋转是匀速的,那么称 $\omega = \dfrac{\theta}{t}$ 为该物体旋转的角速度,如果旋转是非匀速的,应怎样确定该物体在时刻 t_0 的角速度?

2. 设 $f(x) = 10x^2$,试按定义,求 $f'(-1)$.

3. 求下列函数的导数:

(1) $y = x^3$;　　　　　　(2) $y = \sqrt[3]{x^2}$;　　　　　　(3) $y = \dfrac{1}{\sqrt{x}}$;

(4) $y = \dfrac{1}{x^2}$;　　　　　(5) $y = \dfrac{x^2 \sqrt[3]{x^2}}{\sqrt{x^5}}$;　　　　(6) $y = x^3 \sqrt[5]{x}$.

4. 求曲线 $y = e^x$ 在点 $(0, 1)$ 处的切线方程.

5. 讨论下列函数在 $x = 0$ 处的连续性与可导性:

(1) $y = |\sin x|$;

(2) $y = \begin{cases} x^2 \sin \dfrac{1}{x} & (x \neq 0) \\ 0 & (x = 0) \end{cases}$.

6. 设函数 $f(x) = \begin{cases} x^2 & (x \leqslant 1) \\ ax + b & (x > 1) \end{cases}$,为了使函数 $f(x)$ 在 $x = 1$ 处连续且可导 a, b 应取什么值?

7. 在抛物线 $y = x^2$ 上取横坐标为 $x_1 = 1$ 及 $x_2 = 3$ 的两点,作过这两点的割线,问该抛物线上哪一点的切线平行于这条割线?

2.2　导数的运算法则

对于极简单的函数,我们可以运用导数的定义求出其导数.但是,对于较复杂的初等函数,利用定义就可能非常麻烦了.我们知道,初等函数是由基本初等函数经过四则运算和复合而得到的,所以我们要探讨四则运算和复合运算的求导法则,以及反函数的求导

法则,进而解决初等函数的求导问题.

首先,我们给出基本初等函数的求导公式:

1. $(C)' = 0$;

2. $(x^a)' = ax^{a-1}$;

3. $(a^x)' = a^x \ln a$,特别地,$(e^x)' = e^x$;

4. $(\log_a x) = \dfrac{1}{x \ln a}$,特别地,$(\ln x)' = \dfrac{1}{x}$;

5. $(\sin x)' = \cos x$;

6. $(\cos x)' = -\sin x$;

7. $(\tan x)' = \sec^2 x$;

8. $(\sec x)' = \sec x \tan x$;

9. $(\arcsin x)' = -\csc x \cot x$;

10. $(\arcsin x)' = \dfrac{1}{\sqrt{1 - x^2}}$;

11. $(\arccos x)' = -\dfrac{1}{\sqrt{1 - x^2}}$;

12. $(\arctan x)' = \dfrac{1}{1 + x^2}$;

14. $(\text{arccot}\, x)' = -\dfrac{1}{1 + x^2}$.

以上公式,有的已经利用导数定义证明,未证明的也可用导数定义自证.后面,我们将用其他方法给出证明.其次,我们给出求导法则.

2.2.1　四则运算求导法则

定理 2.1　如果函数 $u(x)$ 和 $v(x)$ 都在点 x 处可导,那么它们的和、差、积、商(分母不为零)都在点 x 处可导,且

(1) $[u(x) \pm v(x)]' = u'(x) \pm v'(x)$;

(2) $[u(x) \cdot v(x)]' = u'(x) \cdot v(x) + u(x) \cdot v'(x)$.特别地,$[C \cdot u(x)]' = C \cdot u'(x)$($C$ 为常数);

(3) $\left[\dfrac{u(x)}{v(x)}\right]' = \dfrac{u'(x) \cdot v(x) - u(x) \cdot v'(x)}{v^2(x)}$ ($v(x) \neq 0$),特别地,$\left[\dfrac{1}{v(x)}\right]' = -\dfrac{v'(x)}{v^2(x)}$ ($v(x) \neq 0$).

证明　(1) $[u(x) \pm v(x)]' = \lim\limits_{h \to 0} \dfrac{[u(x+h) \pm v(x+h)] - [u(x) \pm v(x)]}{h}$

$$= \lim_{h \to 0} \frac{u(x+h) - u(x)}{h} \pm \lim_{h \to 0} \frac{v(x+h) - v(x)}{h}$$

$$= u'(x) \pm v'(x);$$

(2) $[u(x) \cdot v(x)]' = \lim\limits_{h \to 0} \dfrac{u(x+h) \cdot v(x+h) - u(x) \cdot v(x)}{h}$

$$= \lim_{h \to 0} \left[\frac{u(x+h) - u(x)}{h} \cdot v(x+h) + u(x) \right.$$

$$\left. \cdot \frac{v(x+h) - v(x)}{h} \right]$$

$$= \lim_{h \to 0} \frac{u(x+h) - u(x)}{h} \cdot \lim_{h \to 0} v(x+h)$$

$$+ \lim_{h \to 0} u(x) \cdot \lim_{h \to 0} \frac{v(x+h) - v(x)}{h};$$

由于 $v(x)$ 在点 x 处可导,从而其在点 x 处连续,故

$$[u(x) \cdot v(x)]' = u'(x) \cdot v(x) + u(x) \cdot v'(x)$$

(3) 先考虑特殊情况. 当 $v(x) \neq 0$ 时,

$$\lim_{z \to x} \frac{\dfrac{1}{v(z)} - \dfrac{1}{v(x)}}{z - x} = \lim_{z \to x} \frac{-1}{v(z) \cdot v(x)} \cdot \frac{v(z) - v(x)}{z - x}$$

由于 $v(z)$ 在点 x 处可导,从而其在点 x 处连续,故

$$\lim_{z \to x} \frac{-1}{v(z) \cdot v(x)} \cdot \frac{v(z) - v(x)}{z - x} = -\frac{v'(x)}{v^2(x)}$$

因此,函数 $\dfrac{1}{v(x)}$ 在点 x 处可导,且 $\left[\dfrac{1}{v(x)} \right]' = -\dfrac{v'(x)}{v^2(x)}$ $(v(x) \neq 0)$. 于是

$$\left[\frac{u(x)}{v(x)} \right]' = \left[u(x) \cdot \frac{1}{v(x)} \right]' = u'(x) \cdot \frac{1}{v(x)} + u(x) \cdot \left[\frac{1}{v(x)} \right]'$$

$$= u'(x) \cdot \frac{1}{v(x)} + u(x) \cdot \frac{-v'(x)}{v^2(x)}$$

$$= \frac{u'(x) \cdot v(x) - u(x) \cdot v'(x)}{v^2(x)} \quad (v(x) \neq 0)$$

注 (1) 法则(1)可以推广到有限个可导函数的和与差的求导. 如

$$[u(x) \pm v(x) \pm w(x)]' = u'(x) \pm v'(x) \pm w'(x)$$

(2) 法则(2)可以推广到有限个可导函数的积的求导. 如

$$[u(x) \cdot v(x) \cdot w(x)]' = u'(x) \cdot v(x) \cdot w(x) + u(x) \cdot v'(x) \cdot w(x)$$
$$+ u(x) \cdot v(x) \cdot w'(x)$$

例 2.9 设 $f(x) = x^2 + e^x - 3$,求 $f'(x)$.

解 $f'(x) = (x^2 + e^x - 3)' = (x^2)' + (e^x)' - (3)' = 2x + e^x$.

例 2.10 设 $f(x) = x^5 + x^2 - \dfrac{1}{x}$,求 $f'(x)$.

解 $f'(x) = \left(x^5 + x^2 - \dfrac{1}{x} \right)' = (x^5)' + (x^2)' - \left(\dfrac{1}{x} \right)' = 5x^4 + 2x + \dfrac{1}{x^2}$.

例 2.11 设 $f(x) = e^x \sin x$,求 $f'(x)$.

解 $f'(x) = (e^x \sin x)' = (e^x)' \sin x + e^x (\sin x)' = e^x (\sin x + \cos x)$.

例 2.12 设 $f(x) = \tan x$,求 $f'(x)$.

解 $f'(x) = (\tan x)' = \left(\dfrac{\sin x}{\cos x} \right)' = \dfrac{(\sin x)' \cos x - \sin x (\cos x)'}{\cos^2 x}$

$$= \frac{\cos^2 x + \sin^2 x}{\cos^2 x} = \frac{1}{\cos^2 x} = \sec^2 x.$$

即得正切函数的导数公式：

$$(\tan x)' = \sec^2 x$$

类似可得余切函数的导数公式

$$(\cot x)' = -\csc^2 x$$

例 2.13　设 $f(x) = \sec x$，求 $f'(x)$.

解　$f'(x) = (\sec x)' = \left(\dfrac{1}{\cos x}\right)' = -\dfrac{(\cos x)'}{\cos^2 x} = \dfrac{\sin x}{\cos^2 x} = \sec x \tan x.$

即得正割函数的导数公式：

$$(\sec x)' = \sec x \tan x$$

类似可得余割函数的导数公式：

$$(\csc x)' = -\csc x \cot x$$

2.2.2　反函数的求导法则

定理 2.2　如果函数 $x = f(y)$ 在区间 I_y 内单调、可导且 $f'(y) \neq 0$，那么它的反函数 $y = f^{-1}(x)$ 在区间 $I_x = \{x \mid x = f(y), y \in I_y\}$ 内也可导，且

$$[f^{-1}(x)]' = \frac{1}{f'(y)} \quad \text{或} \quad \frac{\mathrm{d}y}{\mathrm{d}x} = \frac{1}{\dfrac{\mathrm{d}x}{\mathrm{d}y}}$$

换句话说，即反函数的导数等于原函数的导数的倒数.

证明　由于 $x = f(y)$ 在区间 I_y 内单调、可导（必连续），从而可知 $x = f(y)$ 的反函数 $y = f^{-1}(x)$ 存在，且 $f^{-1}(x)$ 在区间 I_x 内也单调、连续.

取 $\forall x \in I_x$，给 x 以增量 $\Delta x (\Delta x \neq 0, x + \Delta x \in I_x)$，由 $y = f^{-1}(x)$ 的单调性可知

$$\Delta y = f^{-1}(x + \Delta x) - f^{-1}(x) \neq 0$$

于是有

$$\frac{\Delta y}{\Delta x} = \frac{1}{\dfrac{\Delta x}{\Delta y}}$$

由于 $y = f^{-1}(x)$ 连续，所以

$$\lim_{\Delta x \to 0} \Delta y = 0$$

从而

$$[f^{-1}(x)]' = \lim_{\Delta x \to 0} \frac{\Delta y}{\Delta x} = \lim_{\Delta y \to 0} \frac{1}{\dfrac{\Delta x}{\Delta y}} = \frac{1}{f'(y)}$$

例 2.14　设 $y = \arcsin x (-1 < x < 1)$，求 y'.

解　因为 $y = \arcsin x (-1 < x < 1)$ 的反函数 $x = \sin y$ 在区间 $I_y = \left(-\dfrac{\pi}{2}, \dfrac{\pi}{2}\right)$ 内单调可导，且 $(\sin y)' = \cos y \neq 0$. 又因为在 $\left(-\dfrac{\pi}{2}, \dfrac{\pi}{2}\right)$ 内有 $\cos y = \sqrt{1 - \sin^2 y}$，所以在对应区间 $I_x = (-1, 1)$ 内有

$$(\arcsin x)' = \frac{1}{(\sin y)'} = \frac{1}{\cos y} = \frac{1}{\sqrt{1 - \sin^2 y}} = \frac{1}{\sqrt{1 - x^2}}$$

即得到反正弦函数的导数公式:

$$(\arcsin x)' = \frac{1}{\sqrt{1 - x^2}} \quad (-1 < x < 1)$$

类似可得反余弦函数的导数公式:

$$(\arccos x)' = -\frac{1}{\sqrt{1 - x^2}} \quad (-1 < x < 1)$$

2.2.3　复合函数的求导法则

定理 2.3　如果函数 $u = g(x)$ 在点 x 可导,函数 $y = f(u)$ 在相应点 $u = g(x)$ 可导,那么复合函数 $y = f[g(x)]$ 在点 x 可导,且其导数为

$$\frac{\mathrm{d}y}{\mathrm{d}x} = f'(u) \cdot g'(x) \quad \text{或} \quad \frac{\mathrm{d}y}{\mathrm{d}x} = \frac{\mathrm{d}y}{\mathrm{d}u} \cdot \frac{\mathrm{d}u}{\mathrm{d}x}$$

证明　因为 $y = f(u)$ 在点 u 可导,所以

$$\lim_{\Delta u \to 0} \frac{\Delta y}{\Delta u} = f'(u)$$

存在,于是根据极限与无穷小的关系可得

$$\frac{\Delta y}{\Delta u} = f'(u) + \alpha$$

其中,α 是 $\Delta u \to 0$ 时的无穷小. 由于上式中 $\Delta u \neq 0$,在其两边同乘 Δu,可得

$$\Delta y = f'(u) \cdot \Delta u + \alpha \cdot \Delta u$$

用 $\Delta x \neq 0$ 除上式两边,可得

$$\frac{\Delta y}{\Delta x} = f'(u) \cdot \frac{\Delta u}{\Delta x} + \alpha \cdot \frac{\Delta u}{\Delta x}$$

于是

$$\frac{\mathrm{d}y}{\mathrm{d}x} = \lim_{\Delta x \to 0} \frac{\Delta y}{\Delta x} = \lim_{\Delta x \to 0} \left[f'(u) \cdot \frac{\Delta u}{\Delta x} + \alpha \cdot \frac{\Delta u}{\Delta x} \right]$$

根据函数在某点可导必在该点连续可知,当 $\Delta x \to 0$ 时,$\Delta u \to 0$,从而可得

$$\lim_{\Delta x \to 0} \alpha = \lim_{\Delta u \to 0} \alpha = 0$$

又因为 $u = g(x)$ 在点 x 可导,所以

$$\lim_{\Delta x \to 0} \frac{\Delta u}{\Delta x} = g'(x)$$

故

$$\frac{\mathrm{d}y}{\mathrm{d}x} = \lim_{\Delta x \to 0} \left[f'(u) \cdot \frac{\Delta u}{\Delta x} + \alpha \cdot \frac{\Delta u}{\Delta x} \right] = f'(u) \cdot g'(x)$$

如果 $\Delta u = 0$,规定 $\alpha = 0$,那么 $\Delta y = 0$,此时 $\Delta y = f'(u) \cdot \Delta u + \alpha \cdot \Delta u$ 仍成立,从而仍有

$$\frac{\mathrm{d}y}{\mathrm{d}x} = f'(u) \cdot g'(x)$$

注　(1) $[f(g(x))]'$ 表示复合函数对自变量 x 求导,而 $f'[g(x)]$ 则表示函数 $y =$ $f(u)$ 对中间变量 u 求导.

(2) 定理的结论可以推广到有限个函数构成的复合函数.例如,设可导函数 $y =$ $f(u)$,$u = g(v)$,$v = \varphi(x)$ 构成复合函数 $y = f[g(\varphi(x))]$,则

$$\frac{\mathrm{d}y}{\mathrm{d}x} = \frac{\mathrm{d}y}{\mathrm{d}u} \cdot \frac{\mathrm{d}u}{\mathrm{d}v} \cdot \frac{\mathrm{d}v}{\mathrm{d}x} = f'(u) \cdot g'(v) \cdot \varphi'(x)$$

例 2.15　设 $y = \sin x^2$,求 $\dfrac{\mathrm{d}y}{\mathrm{d}x}$.

解　因为 $y = \sin x^2$ 由 $y = \sin u$,$u = x^2$ 复合而成,所以

$$\frac{\mathrm{d}y}{\mathrm{d}x} = \frac{\mathrm{d}y}{\mathrm{d}u} \cdot \frac{\mathrm{d}u}{\mathrm{d}x} = (\sin u)' \cdot (x^2)' = \cos u \cdot 2x = 2x\cos x^2$$

例 2.16　设 $y = \ln|x|$,求 y'.

解　因为

$$y = \ln|x| = \begin{cases} \ln x & (x > 0) \\ \ln(-x) & (x < 0) \end{cases}$$

所以,当 $x > 0$ 时

$$(\ln|x|)' = (\ln x)' = \frac{1}{x}$$

当 $x < 0$ 时

$$(\ln|x|)' = (\ln(-x))' = \frac{1}{-x}(-x)' = \frac{1}{x}$$

综上可得

$$y' = (\ln|x|)' = \frac{1}{x}$$

习　题　2.2

1. 求下列函数的导数:

(1) $y = \dfrac{4}{x^5} + \dfrac{7}{x^4} - \dfrac{2}{x} + 12$;

(2) $y = 2\tan x + \sec x - 1$;

(3) $y = \sin x \cdot \cos x$;

(4) $x^2 \ln x$;

(5) $y = 3\mathrm{e}^x \cos x$;

(6) $y = \dfrac{\ln x}{x}$;

(7) $y = \dfrac{\mathrm{e}^x}{x^2} + \ln 3$;

(8) $s = \dfrac{1 + \sin t}{1 + \cos t}$.

2. 求下列函数在给定点处的导数:

(1) $y = \sin x - \cos x$,求 $y'|_{x = \frac{\pi}{6}}$ 和 $y'|_{x = \frac{\pi}{4}}$.

(2) $\rho = \theta\sin\theta + \dfrac{1}{2}\cos\theta$,求 $\dfrac{\mathrm{d}\rho}{\mathrm{d}\theta}\Big|_{\theta = \frac{\pi}{4}}$.

(3) $f(x) = \dfrac{3}{5 - x} + \dfrac{x^2}{5}$,求 $f'(0)$ 和 $f'(2)$.

3. 求下列函数的导数:

(1) $y = \ln[\ln(\ln x)]$;　　　　　　　　　(2) $y = \ln(\cos x + \tan x)$;

(3) $y = \mathrm{e}^{-2x^2 + 3x - 1}$;　　　　　　　　　(4) $y = \sin^n x \cos nx$;

(5) $y = \mathrm{e}^{-x}(x^2 - 2x + 3)$;　　　　　　(6) $y = \sqrt{x}\,\mathrm{e}^{\sin x^2}$;

(7) $y = \ln\sqrt{x} + \sqrt{\ln x}$;　　　　　　(8) $y = \mathrm{e}^x\sqrt{1 - \mathrm{e}^{2x}} + \arcsin \mathrm{e}^x$.

4. 设 $f(x)$ 为可导函数,求下列函数的导数 $\dfrac{\mathrm{d}y}{\mathrm{d}x}$:

(1) $y = f(x^3)$;　　　　　　　　　　　(2) $y = f\left(\arcsin \dfrac{1}{x}\right)$;

(3) $y = f(\mathrm{e}^x) + \mathrm{e}^{f(x)}$;　　　　　　　(4) $y = x^2 f(\ln x)$.

2.3　高 阶 导 数

变速直线运动的质点的路程函数为 $s = s(t)$,则速度

$$v(t) = s'(t) = \lim_{\Delta t \to 0} \frac{s(t + \Delta t) - s(t)}{\Delta t}$$

加速度

$$a(t) = \lim_{\Delta t \to 0} \frac{\Delta v}{\Delta t} = \lim_{\Delta t \to 0} \frac{v(t + \Delta t) - v(t)}{\Delta t}$$

从而

$$a(t) = v'(t) = [s'(t)]'$$

这种导数的导数称为二阶导数,依此类推就产生了高阶导数的概念. 一般地,可给出如下定义:

定义 2.5　若函数 $y = f(x)$ 的导数 $f'(x)$ 在点 x 可导,则称 $f'(x)$ 在点 x 的导数为函数 $y = f(x)$ 在点 x 的**二阶导数**,记作

$$f''(x), y'', \frac{\mathrm{d}^2 f(x)}{\mathrm{d}x^2} = \frac{\mathrm{d}}{\mathrm{d}x}\left(\frac{\mathrm{d}f(x)}{\mathrm{d}x}\right), \frac{\mathrm{d}^2 y}{\mathrm{d}x^2} = \frac{\mathrm{d}}{\mathrm{d}x}\left(\frac{\mathrm{d}y}{\mathrm{d}x}\right)$$

即

$$f''(x) = \lim_{\Delta x \to 0} \frac{f'(x + \Delta x) - f'(x)}{\Delta x}$$

这时也称 $f(x)$ 在点 x 二阶可导.

若函数 $y = f(x)$ 在区间 I 上每一点都二阶可导,则称它在区间 I 上二阶可导,并称 $f''(x)$ 为 $f(x)$ 在区间 I 上的**二阶导函数**,简称为**二阶导数**.

如果函数 $y = f(x)$ 的二阶导数 $f''(x)$ 仍可导,那么可定义**三阶导数**:

$$\lim_{\Delta x \to 0} \frac{f''(x + \Delta x) - f''(x)}{\Delta x}$$

记作

$$f'''(x), y''', \frac{\mathrm{d}^3 f(x)}{\mathrm{d}x^3}, \frac{\mathrm{d}^3 y}{\mathrm{d}x^3}$$

以此类推,如果函数 $y = f(x)$ 的 $n-1$ 阶导数仍可导,那么可定义 n **阶导数**:

$$\lim_{\Delta x \to 0} \frac{f^{(n-1)}(x + \Delta x) - f^{(n-1)}(x)}{\Delta x}$$

记作

$$f^{(n)}(x), y^{(n)}, \frac{\mathrm{d}^n f(x)}{\mathrm{d}x^n}, \frac{\mathrm{d}^n y}{\mathrm{d}x^n}$$

习惯上,称 $f'(x)$ 为 $f(x)$ 的**一阶导数**,二阶及二阶以上的导数统称为**高阶导数**.有时也把函数 $f(x)$ 本身称为 $f(x)$ 的**零阶导数**,即 $f^{(0)}(x) = f(x)$.

注　由高阶导数的定义可知,求高阶导数就是多次接连地求导数,所以前面学到的求导方法对于计算高阶导数同样适用.

定理 2.4　如果函数 $u = u(x)$ 和 $v = v(x)$ 都在点 x 处具有 n 阶导数,那么

(1) $(u \pm v)^{(n)} = u^{(n)} \pm v^{(n)}$;

(2) $(u \cdot v)^{(n)} = \sum_{k=0}^{n} C_n^k u^{(n-k)} \cdot v^{(k)}$, 其中 $C_n^k = \dfrac{n(n-1)\cdots(n-k+1)}{k!} = \dfrac{n!}{k! \cdot (n-k)!}$.

特别地,$(Cu)^{(n)} = Cu^{(n)}$(C 为常数).

定理 2.4 中的(2)式称为**莱布尼兹(Leibniz)公式**.

例 2.17　设 $y = 2x^3 - 5x^2 + 3x - 7$,求 $y^{(4)}$.

解　$y' = 6x^2 - 10x + 3, y'' = 12x - 10, y''' = 12, y^{(4)} = 0$.

一般地,设 $y = a_n x^n + a_{n-1} x^{n-1} + \cdots + a_1 x + a_0$,则 $y^{(n)} = n! \cdot a_n, y^{(n+1)} = 0$.

例 2.18　设 $y = a^x (a > 0, a \neq 1)$,求 $y^{(n)}$.

解　$y' = a^x \ln a, y'' = a^x \ln^2 a, y''' = a^x \ln^3 a, y^{(4)} = a^x \ln^4 a, \cdots$,由归纳法可得

$$(a^x)^{(n)} = a^x \ln^n a$$

特别地,当 $a = e$ 时,$(e^x)^{(n)} = e^x$.

例 2.19　设 $y = \sin x$,求 $y^{(n)}$.

解　$y = \sin x$,

$$y' = \cos x = \sin\left(x + \frac{\pi}{2}\right),$$

$$y'' = \cos\left(x + \frac{\pi}{2}\right) = \sin\left(x + \frac{\pi}{2} + \frac{\pi}{2}\right) = \sin\left(x + 2 \cdot \frac{\pi}{2}\right),$$

$$y''' = \cos\left(x + 2 \cdot \frac{\pi}{2}\right) = \sin\left(x + 3 \cdot \frac{\pi}{2}\right),$$

$$y^{(4)} = \cos\left(x + 3 \cdot \frac{\pi}{2}\right) = \sin\left(x + 4 \cdot \frac{\pi}{2}\right),$$

$$\cdots$$

由归纳法可得

$$y^{(n)} = (\sin x)^{(n)} = \sin\left(x + n \cdot \frac{\pi}{2}\right)$$

类似地,可得

$$(\cos x)^{(n)} = \cos\left(x + n \cdot \frac{\pi}{2}\right)$$

习　题　2.3

1. 设 $y = \ln(1+x)$，求 $y^{(n)}$.
2. 设 $y = x^{\mu}$（μ 为任意常数），求 $y^{(n)}$.
3. 设 $y = x^4 + 3x^2 - 4 + e^{5x}$，求 $y^{(n)}$（$n > 4$）.
4. 设 $y = e^{2x}x^2$，求 $y^{(4)}$.

2.4　隐函数及由参数方程所确定的函数的导数

2.4.1　隐函数的导数

以解析式 $y = f(x)$ 的形式确定的函数称为**显函数**. 例如
$$y = e^x \cos x, \quad y = x \ln x$$
以二元方程 $F(x, y) = 0$ 的形式确定的函数称为隐函数. 例如
$$x + y^3 - 1 = 0, \quad \sin(x+y) = 3x - y + 2$$
把一个隐函数化成显函数，称为**隐函数的显化**. 例如从方程 $x + y^3 - 1 = 0$ 解出 $y = \sqrt[3]{x-1}$，就把隐函数化成了显函数. 但隐函数的显化有时候是困难的，甚至是不可能的. 例如，方程 $\sin(x+y) = 3x - y + 2$ 所确定的隐函数就难以化成显函数.

但在很多情况下，需要计算隐函数的导数，因此，我们希望找到一种方法，不论隐函数能否显化，都能直接由方程算出它所确定的隐函数的导数.

隐函数求导的基本思想　把方程 $F(x, y) = 0$ 中的 y 看成自变量 x 的函数 $y(x)$，结合复合函数求导法，在方程两端同时对 x 求导数，然后整理变形解出 y' 即可. y' 的结果中可同时含有 x 和 y. 若将 y 看成自变量，同理可求出 x'.

例 2.20　求由方程 $y = \ln(x+y)$ 所确定的隐函数的导数 y'.

解　方程两端对 x 求导，得
$$y' = \frac{1}{x+y}(x+y)' = \frac{1}{x+y}(1+y')$$
从而
$$y' = \frac{1}{x+y-1}$$

例 2.21　求由方程 $e^y + xy - e = 0$ 所确定的隐函数的导数 y'.

解　方程两端对 x 求导，得
$$e^y \cdot y' + y + x \cdot y' = 0$$
从而
$$y' = -\frac{y}{x + e^y} \quad (x + e^y \neq 0)$$

例 2.22　求椭圆曲线 $\dfrac{x^2}{2} + \dfrac{y^2}{4} = 1$ 上点 $(1, \sqrt{2})$ 处的切线方程和法线方程.

解　方程两端对 x 求导,得 $x + \dfrac{1}{2}y \cdot y' = 0$,故 $y' = -\dfrac{2x}{y}$. 从而切线斜率 k_1 和法线斜率 k_2 分别为

$$k_1 = y'|_{(1,\sqrt{2})} = -\sqrt{2}, \quad k_2 = -\dfrac{1}{k_1} = \dfrac{\sqrt{2}}{2}$$

所求切线方程为

$$y - \sqrt{2} = -\sqrt{2}(x-1)$$

即

$$y = -\sqrt{2}x + 2\sqrt{2}$$

法线方程为

$$y - \sqrt{2} = \dfrac{\sqrt{2}}{2}(x-1)$$

即

$$y = \dfrac{\sqrt{2}}{2}x + \dfrac{\sqrt{2}}{2}$$

例 2.23　求由方程 $x - y + \dfrac{1}{2}\sin y = 0$ 所确定的隐函数的二阶导数 $\dfrac{\mathrm{d}^2 y}{\mathrm{d}x^2}$.

解　方程两端对 x 求导,得

$$1 - \dfrac{\mathrm{d}y}{\mathrm{d}x} + \dfrac{1}{2}\cos y \dfrac{\mathrm{d}y}{\mathrm{d}x} = 0$$

从而

$$\dfrac{\mathrm{d}y}{\mathrm{d}x} = \dfrac{2}{2 - \cos y}$$

上式两端再对 x 求导,得

$$\dfrac{\mathrm{d}^2 y}{\mathrm{d}x^2} = \dfrac{-2\sin y \dfrac{\mathrm{d}y}{\mathrm{d}x}}{(2 - \cos y)^2} = -\dfrac{4\sin y}{(2 - \cos y)^3}$$

2.4.2　对数求导法

对于以下两类函数:

(1) 幂指函数,即形如 $y = u(x)^{v(x)}$ $(u(x) > 0)$ 的函数;

(2) 函数表达式是由多个因式的积、商、幂构成的.

要求它们的导数,可以先对函数式两边取自然对数,利用对数的运算性质对函数式进行化简,然后利用隐函数求导法求导,这种方法称为**对数求导法**.

例 2.24　设 $y = (\ln x)^{\cos x}$ $(x > 1)$,求 y'.

解　函数两端取自然对数,得

$$\ln y = \cos x \cdot \ln(\ln x)$$

两端分别对 x 求导,得

$$\frac{y'}{y} = -\sin x \cdot \ln(\ln x) + \cos x \cdot \frac{1}{\ln x} \cdot \frac{1}{x}$$

所以

$$y' = y\left[-\sin x \cdot \ln(\ln x) + \cos x \cdot \frac{1}{\ln x} \cdot \frac{1}{x}\right] = (\ln x)^{\cos x}\left[\frac{\cos x}{x\ln x} - \sin x \cdot \ln(\ln x)\right]$$

例 2.25　设 $y = \dfrac{(x+1)\sqrt[3]{x-1}}{(x+4)^2 e^x}$，求 y'.

解　先在函数两端取绝对值后再取自然对数，得

$$\ln|y| = \ln|x+1| + \frac{1}{3}\ln|x-1| - 2\ln|x+4| - x$$

两端分别对 x 求导，得

$$\frac{y'}{y} = \frac{1}{x+1} + \frac{1}{3(x-1)} - \frac{2}{x+4} - 1$$

即

$$y' = \frac{(x+1)\sqrt[3]{x-1}}{(x+4)^2 e^x}\left[\frac{1}{x+1} + \frac{1}{3(x-1)} - \frac{2}{x+4} - 1\right]$$

容易验证，例 2.25 中的解法，若省略取绝对值这一步所得的结果是相同的，因此，在使用对数求导法时，常省略取绝对值的步骤.

2.4.3　由参数方程所确定的函数的导数

一般地，若参数方程

$$\begin{cases} x = \varphi(t) \\ y = \psi(t) \end{cases}$$

确定了 y 与 x 之间的函数关系，则称此函数为由**参数方程所确定的函数**.

定理 2.5　设参数方程 $\begin{cases} x = \varphi(t) \\ y = \psi(t) \end{cases}$，其中，$\varphi(t), \psi(t)$ 均可导，且函数 $x = \varphi(t)$ 严格单调，$\varphi'(t) \neq 0$，则有

$$\frac{dy}{dx} = \frac{\psi'(t)}{\varphi'(t)} \quad \text{或} \quad \frac{dy}{dx} = \frac{\dfrac{dy}{dt}}{\dfrac{dx}{dt}}$$

证明　因为函数 $x = \varphi(t)$ 严格单调，所以其存在反函数 $t = t(x)$. 又因为 $\varphi(t)$ 可导且 $\varphi'(t) \neq 0$，故 $t = t(x)$ 也可导，且有 $\dfrac{dt}{dx} = \dfrac{1}{\varphi'(t)}$. 对于复合函数 $y = \psi(t) = \psi[t(x)]$ 求导，可得

$$\frac{dy}{dx} = \frac{dy}{dt} \cdot \frac{dt}{dx} = \frac{\dfrac{dy}{dt}}{\dfrac{dx}{dt}} = \frac{\psi'(t)}{\varphi'(t)}$$

如果 $x = \varphi(t), y = \psi(t)$ 还是二阶可导的，那么由定理 2.1 可得到函数的二阶导数公式：

$$\frac{\mathrm{d}^2 y}{\mathrm{d}x^2} = \frac{\mathrm{d}}{\mathrm{d}x}\left(\frac{\mathrm{d}y}{\mathrm{d}x}\right) = \frac{\mathrm{d}}{\mathrm{d}t}\left(\frac{\psi'(t)}{\varphi'(t)}\right) \cdot \frac{\mathrm{d}t}{\mathrm{d}x} = \frac{\psi''(t)\varphi'(t) - \psi'(t)\varphi''(t)}{[\varphi'(t)]^2} \cdot \frac{1}{\varphi'(t)}$$

即

$$\frac{\mathrm{d}^2 y}{\mathrm{d}x^2} = \frac{\psi''(t)\varphi'(t) - \psi'(t)\varphi''(t)}{[\varphi'(t)]^3}$$

例 2.26　设 $\begin{cases} x = \mathrm{e}^t \cos t \\ y = \mathrm{e}^t \sin t \end{cases}$，求 $\dfrac{\mathrm{d}y}{\mathrm{d}x}$．

解　因为

$$\frac{\mathrm{d}y}{\mathrm{d}t} = \mathrm{e}^t(\sin t + \cos t), \quad \frac{\mathrm{d}x}{\mathrm{d}t} = \mathrm{e}^t(\cos t - \sin t)$$

所以

$$\frac{\mathrm{d}y}{\mathrm{d}x} = \frac{\mathrm{e}^t(\sin t + \cos t)}{\mathrm{e}^t(\cos t - \sin t)} = \frac{\sin t + \cos t}{\cos t - \sin t}$$

例 2.27　求星形线 $\begin{cases} x = a\cos^3 t \\ y = a\sin^3 t \end{cases}$ $(a > 0)$ 在 $t = \dfrac{\pi}{4}$ 的相应点 $M(x_0, y_0)$ 处的切线方程和法线方程(图 2.2)．

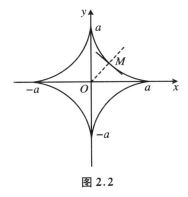

图 2.2

解　由 $t = \dfrac{\pi}{4}$ 可得

$$x_0 = a\cos^3\frac{\pi}{4} = \frac{\sqrt{2}}{4}a, \quad y_0 = a\sin^3\frac{\pi}{4} = \frac{\sqrt{2}}{4}a$$

星形线在点 M 处的切线斜率 k_1 和法线斜率 k_2 分别为

$$k_1 = \frac{\mathrm{d}y}{\mathrm{d}x}\bigg|_{t=\frac{\pi}{4}} = \frac{(a\sin^3 t)'}{(a\cos^3 t)'}\bigg|_{t=\frac{\pi}{4}} = \frac{3a\sin^2 t\cos t}{-3a\cos^2 t\sin t}\bigg|_{t=\frac{\pi}{4}}$$

$$= -\tan t\,\big|_{t=\frac{\pi}{4}} = -1$$

$$k_2 = -\frac{1}{k_1} = 1$$

从而，所求切线方程为

$$y - \frac{\sqrt{2}}{4}a = -\left(x - \frac{\sqrt{2}}{4}a\right)$$

即

$$x + y - \frac{\sqrt{2}}{2}a = 0$$

所求法线方程为

$$y - \frac{\sqrt{2}}{4}a = x - \frac{\sqrt{2}}{4}a$$

即

$$y = x$$

例 2.28 设 $\begin{cases} x = t - \cos t \\ y = \sin t \end{cases}$，求 $\dfrac{\mathrm{d}^2 y}{\mathrm{d}x^2}$.

解（方法 1） 因为

$$y' = \frac{\mathrm{d}y}{\mathrm{d}x} = \frac{\mathrm{d}y}{\mathrm{d}t} \cdot \frac{1}{\dfrac{\mathrm{d}x}{\mathrm{d}t}} = \frac{(\sin t)'}{(t - \cos t)'} = \frac{\cos t}{1 + \sin t}$$

所以

$$\frac{\mathrm{d}^2 y}{\mathrm{d}x^2} = \frac{\mathrm{d}y'}{\mathrm{d}x} = \frac{\mathrm{d}}{\mathrm{d}t}\left(\frac{\cos t}{1 + \sin t}\right) \cdot \frac{1}{\dfrac{\mathrm{d}x}{\mathrm{d}t}} = \frac{-\sin t(1 + \sin t) - \cos^2 t}{(1 + \sin t)^2} \cdot \frac{1}{1 + \sin t} = -\frac{1}{(1 + \sin t)^2}$$

（方法 2） 由于 $x'_t = 1 + \sin t$，$x''_t = \cos t$，$y'_t = \cos t$，$y''_t = -\sin t$，代入公式可得

$$\frac{\mathrm{d}^2 y}{\mathrm{d}x^2} = \frac{y''_t x'_t - y'_t x''_t}{(x'_t)^3} = \frac{-\sin t(1 + \sin t) - \cos^2 t}{(1 + \sin t)^3} = -\frac{1}{(1 + \sin t)^2}$$

2.4.4 由极坐标方程所确定的函数的导数

研究函数 y 与 x 的关系通常是在直角坐标系下进行的，但在某些情况下，使用极坐标系则显得比直角坐标系更简单.

如图 2.3 所示，从平面上一固定点 O，引一条带有长度单位的射线 Ox，这样在该平面内建立了极坐标系，称 O 为**极点**，Ox 为**极轴**. 设 P 为平面内一点，线段 OP 的长度称为**极径**，记为 r ($r \geqslant 0$)，极轴 Ox 到线段 OP 的转角（逆时针）称为**极角**，记为 θ ($0 \leqslant \theta \leqslant 2\pi$)，称有序数组 (r, θ) 为点 P 的**极坐标**.

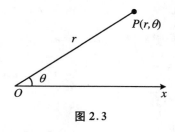

图 2.3

若一平面曲线 C 上所有点的极坐标 (r, θ) 都满足方程 $r = r(\theta)$，且坐标 r，θ 满足方程 $r = r(\theta)$ 的所有点都在平面曲线 C 上，则称 $r = r(\theta)$ 为曲线 C 的**极坐标方程**.

将极轴与直角坐标系的正半轴 Ox 重合，极点与坐标原点 O 重合，若设点 M 的直角坐标为 (x, y)，极坐标为 (r, θ)，则两者有如下关系：

$$\begin{cases} x = r\cos\theta \\ y = r\sin\theta \end{cases} \quad 或 \quad \begin{cases} x^2 + y^2 = r^2 \\ \tan\theta = \dfrac{y}{x} \end{cases}$$

设曲线的极坐标方程为 $r = r(\theta)$，利用直角坐标与极坐标的关系可得曲线的参数方程为

$$\begin{cases} x = r(\theta)\cos\theta \\ y = r(\theta)\sin\theta \end{cases}$$

其中，θ 为参数. 由参数方程的求导公式，可得

$$\frac{\mathrm{d}y}{\mathrm{d}x} = \frac{r'(\theta)\sin\theta + r(\theta)\cos\theta}{r'(\theta)\cos\theta - r(\theta)\sin\theta}$$

例 2.29 求心形线 $r = 1 + \sin\theta$ 在 $\theta = \dfrac{\pi}{3}$ 处的切线方程(图 2.4).

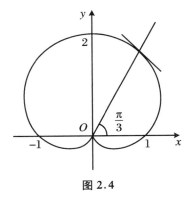

图 2.4

解 由极坐标的求导公式得

$$\frac{\mathrm{d}y}{\mathrm{d}x} = \frac{\cos\theta\sin\theta + (1 + \sin\theta)\cos\theta}{\cos\theta\cos\theta - (1 + \sin\theta)\sin\theta} = \frac{\sin 2\theta + \cos\theta}{\cos 2\theta - \sin\theta}$$

当 $\theta = \dfrac{\pi}{3}$ 时

$$x_0 = \left(1 + \sin\frac{\pi}{3}\right)\cos\frac{\pi}{3} = \frac{1}{2}\left(1 + \frac{\sqrt{3}}{2}\right), \quad y_0 = \left(1 + \sin\frac{\pi}{3}\right)\sin\frac{\pi}{3} = \frac{\sqrt{3}}{2}\left(1 + \frac{\sqrt{3}}{2}\right)$$

$$\frac{\mathrm{d}y}{\mathrm{d}x}\bigg|_{\theta=\frac{\pi}{3}} = \frac{\sin\dfrac{2\pi}{3} + \cos\dfrac{\pi}{3}}{\cos\dfrac{2\pi}{3} - \sin\dfrac{\pi}{3}} = -1$$

故所求切线方程为

$$y - \frac{\sqrt{3}}{2}\left(1 + \frac{\sqrt{3}}{2}\right) = -1 \cdot \left(x - \frac{1}{2}\left(1 + \frac{\sqrt{3}}{2}\right)\right)$$

即

$$4x + 4y - 5 - 3\sqrt{3} = 0$$

习　题　2.3

1. 求由下列方程所确定的隐函数的导数 $\dfrac{\mathrm{d}y}{\mathrm{d}x}$：

(1) $y^2 - 2xy + 9 = 0$；

(2) $x^3 + y^3 - 2xy = 0$；

(3) $xy = \mathrm{e}^{x+y}$；

(4) $y\cos x + \sin(x - y) = 0$；

(5) $x^2 + y^2 = \mathrm{e}^{xy}$；

(6) $\arctan \dfrac{y}{x} = \ln \sqrt{x^2 + y^2}$．

2. 求由下列方程所确定的隐函数的二阶导数 $\dfrac{\mathrm{d}^2 y}{\mathrm{d}x^2}$：

(1) $y = 1 + x\mathrm{e}^y$；

(2) $y = \tan(x + y)$．

3. 利用对数求导法求下列函数的导数：

(1) $y = x^x$；

(2) $y = (1 + x^2)^{\tan x}$；

(3) $y = (1 + x^2)^{\sin x}$；

(4) $y = \left(\dfrac{x}{1-x}\right)^{3x}$；

(5) $y = \sqrt{\dfrac{3x - 2}{(5 - 2x)(x - 1)}}$；

(6) $y = \dfrac{\sqrt{x + 2}\,(3 - x)^4}{(x + 1)^5}$．

4. 求下列参数方程所确定的函数的指定阶的导数：

(1) $\begin{cases} x = at^2 \\ y = bt^3 \end{cases}$，求 $\dfrac{\mathrm{d}y}{\mathrm{d}x}$；

(2) $\begin{cases} x = t(1 - \sin t) \\ y = t\cos t \end{cases}$，求 $\dfrac{\mathrm{d}y}{\mathrm{d}x}$．

5. 求四叶玫瑰线 $r = a\cos 2\theta\,(a$ 为常数$)$ 在 $\theta = \dfrac{\pi}{4}$ 对应点处的切线方程.

2.5　函数的微分

2.5.1　微分的概念

在许多实际问题中，要求研究当自变量发生微小改变时所引起的相应的函数值的改变.

例如，一块正方形金属薄片受温度变化的影响，其边长由 x_0 变到 $x_0 + \Delta x$（图 2.5），问此薄片的面积改变了多少？ 当 $|\Delta x|$ 很微小时，正方形的面积改变的近似值是多少？

设此正方形的边长为 x，面积为 A，则 A 与 x 存在函数关系 $A = x^2$. 当边长由 x_0 变到 $x_0 + \Delta x$，正方形金属薄片的面积改变量为

$$\Delta A = (x_0 + \Delta x)^2 - x_0^2 = 2x_0\Delta x + (\Delta x)^2$$

从上式可以看出，ΔA 分为两部分，第一部分：$2x_0\Delta x$ 是 Δx 的线性函数，即图中带有斜线的两个矩形面积之和，第二部分：$(\Delta x)^2$ 是图中右上角的小正方形的面积，当 $\Delta x \to 0$ 时，$(\Delta x)^2$ 是比 Δx 高阶的无穷小量，即 $(\Delta x)^2 = o(\Delta x)$. 因此，当 $|\Delta x|$ 很微小时，我们用

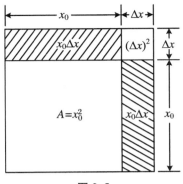

图 2.5

$2x_0\Delta x$ 近似地表示 ΔA,即 $\Delta A\approx2x_0\Delta x$. 故 $2x_0\Delta x$ 是正方形的面积改变的近似值.

定义 2.6　设函数 $y=f(x)$ 在某区间内有定义,x_0 及 $x_0+\Delta x$ 在此区间内,如果函数的增量

$$\Delta y = f(x_0+\Delta x) - f(x_0)$$

可表示为

$$\Delta y = A\Delta x + o(\Delta x)$$

其中,A 是不依赖于 Δx 的常数,那么称函数 $y=f(x)$ 在点 x_0 是**可微的**,而 $A\Delta x$ 叫作函数 $y=f(x)$ 在点 x_0 相应于自变量增量 Δx 的**微分**,记为

$$\mathrm{d}y\,|_{x=x_0} = A\Delta x \quad 或 \quad \mathrm{d}f(x_0) = A\Delta x$$

2.5.2　微分与导数的关系

定理 2.6　函数 $y=f(x)$ 在点 x_0 可微的充要条件是函数 $y=f(x)$ 在点 x_0 可导,且当 $y=f(x)$ 在点 x_0 可微时,其微分一定是 $\mathrm{d}y\,|_{x=x_0} = f'(x_0)\Delta x$.

证明(必要性)　设函数 $y=f(x)$ 在点 x_0 可微,即 $\Delta y = A\Delta x + o(\Delta x)$,其中 A 是不依赖于 Δx 的常数. 上式两边用 Δx 除之,得

$$\frac{\Delta y}{\Delta x} = A + \frac{o(\Delta x)}{\Delta x}$$

当 $\Delta x\to0$ 时,对上式两边取极限就得到

$$\lim_{\Delta x\to0}\frac{\Delta y}{\Delta x} = A + \lim_{\Delta x\to0}\frac{o(\Delta x)}{\Delta x} = A$$

即 $A=f'(x_0)$. 因此,若函数 $y=f(x)$ 在点 x_0 可微,则 $y=f(x)$ 在点 x_0 一定可导,且 $\mathrm{d}y\,|_{x=x_0} = f'(x_0)\Delta x$.

（充分性）　函数 $y=f(x)$ 在点 x_0 可导,即

$$\lim_{\Delta x\to0}\frac{\Delta y}{\Delta x} = f'(x_0)$$

存在,根据极限与无穷小的关系,上式可写成

$$\frac{\Delta y}{\Delta x} = f'(x_0) + \alpha$$

其中,$\alpha\to0$(当 $\Delta x\to0$ 时),从而

$$\Delta y = f'(x_0)\Delta x + \alpha\Delta x = f'(x_0)\Delta x + o(\Delta x)$$

其中 $f'(x_0)$ 是与 Δx 无关的常数, $o(\Delta x)$ 是比 Δx 高阶的无穷小量, 所以 $y = f(x)$ 在点 x_0 也是可微的.

根据微分的定义和定理 2.1 可得以下结论:

(1) 函数 $y = f(x)$ 在点 x_0 处的微分就是当自变量 x 产生增量 Δx 时, 函数 y 的增量 Δy 的主要部分(此时 $A = f'(x_0) \neq 0$). 由于 $dy = A\Delta x$ 是 Δx 的线性函数, 故称微分 dy 是 Δy 的**线性主部**. 当 $|\Delta x|$ 很微小时, $o(\Delta x)$ 更加微小, 从而有近似等式 $\Delta y \approx dy$.

(2) 函数 $y = f(x)$ 的可导性与可微性是等价的, 故求导法又称**微分法**. 但导数与微分是两个不同的概念, 导数 $f'(x_0)$ 是函数 $f(x)$ 在 x_0 处的变化率, 其值只与 x 有关; 而微分 $dy|_{x=x_0}$ 是函数 $f(x)$ 在 x_0 处增量 Δy 的线性主部, 其值既与 x 有关, 也与 Δx 有关.

定义 2.7　函数 $y = f(x)$ 在任意点 x 处的微分, 称为**函数的微分**, 记作 dy 或 $df(x)$, 即 $dy = df(x) = f'(x)\Delta x$.

通常把自变量 x 的增量 Δx 称为**自变量的微分**, 记作 dx, 即 $dx = \Delta x$. 因此, 函数 $y = f(x)$ 的微分可以写成

$$dy = f'(x)dx \quad 或 \quad df(x) = f'(x)dx$$

从而有

$$\frac{dy}{dx} = f'(x) \quad 或 \quad \frac{df(x)}{dx} = f'(x)$$

因此, 函数 $y = f(x)$ 的微分 dy 与自变量的微分 dx 之商等于该函数的导数. 所以, 导数又称**微商**.

例 2.30　设函数 $y = x^3$, (1) 求 dy; (2) 若 $x = 2, \Delta x = 0.1$. 求 dy 和 Δy.

解　(1) 由微分的定义可得

$$dy = (x^3)'dx = 3x^2dx$$

(2) 将 $x = 2, dx = \Delta x = 0.1$ 代入(1)的结果, 可得

$$dy\Big|_{\substack{x=2 \\ dx=0.1}} = 3x^2dx\Big|_{\substack{x=2 \\ dx=0.1}} = 3 \cdot 2^2 \cdot 0.1 = 1.2$$

$$\Delta y\Big|_{\substack{x=2 \\ \Delta x=0.1}} = (2 + 0.1)^3 - 2^3 = 1.261$$

2.5.3　微分的几何意义

在平面直角坐标系中, 函数 $y = f(x)$ 的图形是一条曲线, 对于曲线上某一确定的点 $M(x_0, y_0)$, 当自变量 x 有微小增量 Δx 时, 就得到曲线上另一点 $N(x_0 + \Delta x, y_0 + \Delta y)$ (图 2.6). 过点 M 作曲线的切线 MT, 它的倾斜角为 α, 则有

$$\Delta y = f(x_0 + \Delta x) - f(x_0) = NQ$$

$$dy = f'(x_0)\Delta x = \tan\alpha \cdot \Delta x = \frac{PQ}{\Delta x}\Delta x = PQ$$

由此可见, 对于可微函数 $y = f(x)$, 当 Δy 是曲线 $y = f(x)$ 上的点 $M(x_0, y_0)$ 的纵坐标的增量时, 微分 dy 就是曲线 $y = f(x)$ 在点 $M(x_0, y_0)$ 的切线 MT 的纵坐标的相应增量. 当 $|\Delta x|$ 很小时, $|\Delta y - dy|$ 比 $|\Delta x|$ 小得多, 因此在点 M 的邻近, 可以用 dy 近似代替 Δy, 进而可以用切线段来近似代替曲线段.

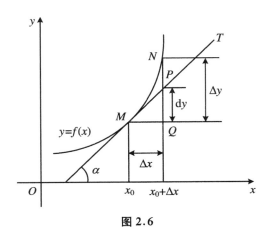

图 2.6

2.5.4　微分公式与微分运算法则

由函数的微分表达式 $\mathrm{d}y = f'(x)\mathrm{d}x$ 可得,只要先计算出函数的导数 $f'(x)$,再乘以自变量的微分就可以计算出函数的微分.因此可得如下的微分公式和微分运算法则.

2.5.5　基本初等函数的微分公式

(1) $\mathrm{d}C = 0(C$ 为常数$)$;

(2) $\mathrm{d}(x^{\mu}) = \mu x^{\mu-1}\mathrm{d}x$;

(3) $\mathrm{d}(a^x) = a^x \ln a\mathrm{d}x$;

(4) $\mathrm{d}(\mathrm{e}^x) = \mathrm{e}^x\mathrm{d}x$;

(5) $\mathrm{d}(\log_a x) = \dfrac{1}{x\ln a}\mathrm{d}x$;

(6) $\mathrm{d}(\ln x) = \dfrac{1}{x}\mathrm{d}x$;

(7) $\mathrm{d}(\sin x) = \cos x\mathrm{d}x$;

(8) $\mathrm{d}(\cos x) = -\sin x\mathrm{d}x$;

(9) $\mathrm{d}(\tan x) = \sec^2 x\mathrm{d}x$;

(10) $\mathrm{d}(\cot x) = -\csc^2 x\mathrm{d}x$;

(11) $\mathrm{d}(\sec x) = \sec x\tan x\mathrm{d}x$;

(12) $\mathrm{d}(\csc x) = -\csc x\cot x\mathrm{d}x$;

(13) $\mathrm{d}(\arcsin x) = \dfrac{1}{\sqrt{1-x^2}}\mathrm{d}x$;

(14) $\mathrm{d}(\arccos x) = -\dfrac{1}{\sqrt{1-x^2}}\mathrm{d}x$;

(15) $\mathrm{d}(\arctan x) = \dfrac{1}{1+x^2}\mathrm{d}x$;

(16) $\mathrm{d}(\text{arccot}\, x) = -\dfrac{1}{1+x^2}\mathrm{d}x$.

2.5.6　微分的运算法则

设函数 $u = u(x)$ 和 $v = v(x)$ 都可导,则

(1) $\mathrm{d}(u \pm v) = \mathrm{d}u \pm \mathrm{d}v$;

(2) $\mathrm{d}(u \cdot v) = v\mathrm{d}u + u\mathrm{d}v$;

(3) $\mathrm{d}(C \cdot u) = C \cdot \mathrm{d}u(C$ 为常数$)$;

(4) $\mathrm{d}\left(\dfrac{u}{v}\right) = \dfrac{v\mathrm{d}u - u\mathrm{d}v}{v^2}(v \neq 0)$.

2.5.7　复合函数的微分法则

设 $y = f(u), u = g(x)$ 均可导,则复合函数 $y = f[g(x)]$ 的微分为

$$\mathrm{d}y = y'_x\mathrm{d}x = f'(u)g'(x)\mathrm{d}x = f'(u)\mathrm{d}u$$

由此可见,无论 u 是自变量还是中间变量,微分形式保持 $dy = f'(u)du$ 不变. 这一性质称为微分形式不变性.

例 2.31　设 $y = (x^2 - 2)^3$,求 dy.

解(方法 1)　令 $y = u^3$,$u = x^2 - 2$,则利用微分形式不变性,可得

$$dy = (u^3)'du = 3u^2 d(x^2 - 2) = 3(x^2 - 2)^2(2x)dx = 6x(x^2 - 2)^2 dx$$

(方法 2)　若不引入中间变量,则

$$dy = 3(x^2 - 2)^2 d(x^2 - 2) = 3(x^2 - 2)^2(2x)dx = 6x(x^2 - 2)^2 dx$$

2.5.7　隐函数的微分

例 2.32　求由方程 $3x^2 - xy + y^2 = 1$ 所确定的隐函数 $y = f(x)$ 的微分.

解　对方程两边分别求微分,有

$$d(3x^2 - xy + y^2) = d1 = 0$$

即

$$d(3x^2) - d(xy) + d(y^2) = 0$$
$$6xdx - ydx - xdy + 2ydy = 0$$

从而,可得

$$dy = \frac{6x - y}{x - 2y}dx$$

2.5.8　微分在近似计算中的应用

根据前面的讨论可知,如果函数 $y = f(x)$ 在点 x_0 处的导数 $f'(x_0) \neq 0$,且 $|\Delta x|$ 很小时,那么有

$$\Delta y \approx dy = f'(x_0)\Delta x \tag{2.1}$$

式(2.1)可以改写为

$$\Delta y = f(x_0 + \Delta x) - f(x_0) \approx f'(x_0)\Delta x \tag{2.1}$$

或

$$f(x_0 + \Delta x) \approx f(x_0) + f'(x_0)\Delta x \tag{2.3}$$

在式(2.3)中令 $x = x_0 + \Delta x$,即 $\Delta x = x - x_0$,则可得

$$f(x) \approx f(x_0) + f'(x_0)(x - x_0) \tag{2.4}$$

如果 $f(x_0)$ 和 $f'(x_0)$ 都容易计算,则可以利用式(2.1)来近似计算 Δy,利用式(2.3)来近似计算 $f(x_0 + \Delta x)$,以及利用式(2.4)来近似计算 $f(x)$.

若在式(2.4)中令 $x_0 = 0$,则有

$$f(x) \approx f(0) + f'(0)x \tag{2.5}$$

从而,当 $|x| = |\Delta x|$ 很小时,可用式(2.5)推得以下几个常用的近似公式:

(1) $\sin x \approx x$;　　　　　　　　　　　　(2) $\tan x \approx x$;

(3) $\arcsin x \approx x$;　　　　　　　　　　(4) $e^x \approx 1 + x$;

(5) $\ln(1 + x) \approx x$;　　　　　　　　　(6) $\sqrt[n]{1 + x} \approx 1 + \frac{1}{n}x$.

例 2.33　一个内直径为 10 cm 的球壳体,球壳的厚度为 $\frac{1}{16}$ cm,问球壳体的体积的近似值为多少?

解　半径为 r 的球体体积为

$$V = f(r) = \frac{4}{3}\pi r^3$$

由于 $r = 5\text{cm}, \Delta r = \frac{1}{16}$ cm,故 $\Delta V = f(r + \Delta r) - f(r)$ 就是球壳体的体积.用 $\mathrm{d}V$ 作为其近似值,则

$$\mathrm{d}V = f'(r)\mathrm{d}r = 4\pi r^2 \mathrm{d}r = 4\pi \cdot 5^2 \cdot \frac{1}{16} \approx 19.63 \ (\text{cm}^3)$$

所以球壳体的体积的近似值为 19.63（cm³）.

例 2.34　计算 $\sqrt[3]{1003}$ 的近似值.

解　设 $f(x) = \sqrt[3]{x}$,则 $f'(x) = \frac{1}{3\sqrt[3]{x^2}}$.取 $x_0 = 1000, \Delta x = 3$,则

$$\sqrt[3]{1003} = f(1000 + 3) \approx f(1000) + f'(1000)\Delta x = 10 + \frac{1}{300} \cdot 3 = 10.01$$

习　题　2.5

1. 已知函数 $y = 2x^2$,计算在 $x = 2$ 处,当 $\Delta x = 0.02$ 时的 Δy 和 $\mathrm{d}y$.

2. 求下列函数的微分:

(1) $y = \sin 3x$;

(2) $y = x^2 \mathrm{e}^{2x}$;

(3) $y = \ln \sqrt{1 - x^2}$;

(4) $y = \arctan \dfrac{x+1}{x-1}$;

(5) $y = \dfrac{x}{\sqrt{x^2 + 1}}$;

(6) $y = \cos x - x\sin x$.

3. 求由方程 $\mathrm{e}^{x+y} + xy = 0$ 所确定的函数 $y = y(x)$ 的微分 $\mathrm{d}y$.

4. 利用微分计算下列近似值:

(1) $\sqrt[100]{1.002}$;

(2) $\cos 29°$.

5. 设扇形的圆心角 $\alpha = 60°$,半径 $R = 100$ cm.如果 R 不变,α 减少 $30°$,问扇形面积大约改变了多少? 又如果 α 不变,R 增加 1 cm,问扇形面积大约改变了多少?

第 3 章　微分中值定理与导数的应用

在第 2 章中，我们介绍了微分学的两个基本概念——导数与微分及其计算方法. 本章以微分学基本定理——微分中值定理为基础，进一步介绍利用导数研究函数的性态.

3.1　微分中值定理

中值定理揭示了函数在某区间的整体性质与该区间内部某一点的导数之间的关系，因而称为中值定理. 中值定理既是用微分学知识解决应用问题的理论基础，又是解决微分学自身发展的一种理论性模型，因而称为微分中值定理.

3.1.1　费马引理

设函数 $f(x)$ 在点 x_0 的某邻域 $U(x_0)$ 内有定义，并且在 x_0 处可导，如果对任意的 $x \in U(x_0)$，有 $f(x) \leqslant f(x_0)$（或 $f(x) \geqslant f(x_0)$），那么 $f'(x_0) = 0$.

证明　不妨设 $x \in U(x_0)$ 时，$f(x) \leqslant f(x_0)$，对于 $x_0 + \Delta x \in U(x_0)$，有 $f(x_0 + \Delta x) \leqslant f(x_0)$，故当 $\Delta x > 0$ 时，$\dfrac{f(x_0 + \Delta x) - f(x_0)}{\Delta x} \leqslant 0$；

当 $\Delta x < 0$ 时，$\dfrac{f(x_0 + \Delta x) - f(x_0)}{\Delta x} \geqslant 0$.

由保号性有

$$f'(x_0) = f'_+(x_0) = \lim_{\Delta x \to 0^+} \frac{f(x_0 + \Delta x) - f(x_0)}{\Delta x} \leqslant 0$$

$$f'(x_0) = f'_-(x_0) = \lim_{\Delta x \to 0^-} \frac{f(x_0 + \Delta x) - f(x_0)}{\Delta x} \geqslant 0$$

故 $f'(x_0) = 0$.

3.1.2　罗尔定理

如果函数 $f(x)$ 满足：

(1) 在闭区间 $[a, b]$ 上连续；

(2) 在开区间 (a, b) 内可导；

(3) $f(a) = f(b)$，则至少存在一点 $\xi\ (a < \xi < b)$，使得 $f(x)$ 在该点的导数等于零：$f'(\xi) = 0$.

证明　由于 $f(x)$ 在 $[a,b]$ 上连续，故在 $[a,b]$ 上 $f(x)$ 有最大值 M 和最小值 m.

① $M=m$ 时，则 $x\in[a,b]$ 时，$f(x)=m=M$，故 $f'(x)=0$，$x\in(a,b)$，即 (a,b) 内任一点均可作为 ξ，$f'(\xi)=0$.

② 当 $M>m$ 时，因为 $f(a)=f(b)$，故不妨设 $f(a)=f(b)\neq M$（或设 $f(a)=f(b)$ $\neq m$），则至少存在一点 ξ，使 $f(\xi)=M$，因 $f(x)$ 在 (a,b) 内可导，所以

$$f'_-(\xi) = \lim_{\Delta x\to 0^-}\frac{f(\xi+\Delta x)-f(\xi)}{\Delta x} = \lim_{\Delta x\to 0^+}\frac{f(\xi+\Delta x)-f(\xi)}{\Delta x} = f'_+(\xi)$$

因 $f(\xi+\Delta x)\leqslant f(\xi)=M$，故 $f'_-(\xi)\geqslant 0$，$f'_+(\xi)\leqslant 0$，所以 $f'(\xi)=0$.

例 3.1　不求导数，判断函数 $f(x)=(x-1)(x-2)(x-3)$ 的导数有几个零点及这些零点所在的范围.

解　因为 $f(1)=f(2)=f(3)=0$，所以 $f(x)$ 在 $[1,2]$，$[2,3]$ 上满足罗尔定理的三个条件，所以在 $(1,2)$ 内至少存在一点 ξ_1，使 $f'(\xi_1)=0$，即 ξ_1 是 $f'(x)$ 的一个零点，又在 $(2,3)$ 内至少存在一点 ξ_2，使 $f'(\xi_2)=0$，即 ξ_2 是 $f'(x)$ 的一个零点，又 $f'(x)$ 为二次多项式，最多只能有两个零点，故 $f'(x)$ 恰好有两个零点分别在区间 $(1,2)$，$(2,3)$ 内.

例 3.2　证明：方程 $x^5-5x+1=0$，有且仅有一个小于 1 的正实根.

证明　(1) 存在性. 设 $f(x)=x^5-5x+1$，则 $f(x)$ 在 $[0,1]$ 连续，$f(0)=1$，$f(1)=-3$.

由介值定理知，存在 $x_0\in(0,1)$，使 $f(x_0)=0$，即方程有小于 1 的正根.

(2) 唯一性. 假设另有 $x_1\in(0,1)$，$x_1\neq x_0$，使 $f(x_1)=0$，因为 $f(x)$ 在以 x_0,x_1 为端点的区间满足罗尔定理条件，所以在 x_0,x_1 之间至少存在一点使 $f'(\xi)=0$.

但 $f'(x)=5(x^4-1)<0$ $(x\in(0,1))$，故假设不真！

3.1.3　拉格朗日中值定理

1. 拉格朗日中值定理（或有限增量定理，微分中值定理）

如果函数 $f(x)$ 满足：

(1) 在闭区间 $[a,b]$ 上连续；

(2) 在开区间 (a,b) 内可导，则至少存在一点 $\xi\in(a,b)$，使 $f(b)-f(a)=f'(\xi)(b-a)$.

证明　构造辅助函数

$$\varphi(x) = f(x)-f(a)-\frac{f(b)-f(a)}{b-a}(x-a)$$

则 $\varphi(x)$ 在 $[a,b]$ 上连续，在 (a,b) 内可导，且 $\varphi(a)=\varphi(b)=0$，所以至少存在一点 $\xi\in$ (a,b)，使 $\varphi'(\xi)=0$，即 $\varphi'(\xi)=f'(\xi)-\dfrac{f(b)-f(a)}{b-a}=0$，所以 $f(b)-f(a)=f'(\xi)$ $(b-a)$.

显然 $b<a$ 时，此公式也成立，此公式称为拉格朗日（Lagrange）公式.

定理 3.1　如果函数 $f(x)$ 在区间 I 上的导数恒为零，则 $f(x)\equiv C$ $(x\in I$，C 为常数）.

证明　对 $\forall x_1,x_2\in I$（设 $x_1<x_2$），则由 Lagrange 公式有

$$f(x_2)-f(x_1) = f'(\xi)(x_2-x_1) \quad (x_1<\xi<x_2)$$

由 $f'(\xi)=0$，有 $f(x_2)\equiv f(x_1)$，所以 $f(x)\equiv C$ $(x\in I)$.

推论 3.1 连续函数 $f(x),g(x)$ 在区间 I 上有 $f'(x)=g'(x)$，则 $f(x)=g(x)+C$.

证明 对 $\forall x \in I$，设 $F(x)=f(x)-g(x)$，则 $F'(x)=f'(x)-g'(x)=0$，所以

$$F(x)=C$$

即 $f(x)=g(x)+C$.

例 3.3 证明：$\arcsin x + \arccos x = \dfrac{\pi}{2} (-1 \leqslant x \leqslant 1)$.

证明 设 $f(x)=\arcsin x + \arccos x$，则在 $(-1,1)$ 上由推论可知

$$f(x)=\arcsin x + \arccos x = C$$

令 $x=0$，得 $C=\dfrac{\pi}{2}$. 又 $f(\pm 1)=\dfrac{\pi}{2}$，故所证等式在定义域 $[-1,1]$ 上成立.

例 3.4 证明：当 $x>0$ 时，$\dfrac{x}{1+x}<\ln(1+x)<x$.

证明 设 $f(x)=\ln(1+x)$，则 $f(x)$ 在 $[0,x]$ 上连续，在 $(0,x)$ 内可导，所以至少有一点 $\xi \in (0,x)$，使 $f(x)-f(0)=f'(\xi)(x-0)$，即 $\ln(1+x)=f'(\xi) \cdot x$，因 $f'(x)=\dfrac{1}{1+x}$，故当 $\xi \in (0,x)$ 时，$\dfrac{1}{1+x}<f'(\xi)<1$.

所以 $\dfrac{x}{1+x}<\ln(1+x)<1 \cdot x = x$.

例 3.5 设 $f(x)$ 在 $[a,b]$ 上连续，在 (a,b) 内二阶可导，连接点 $(a,f(a))$，$(b,f(b))$ 的直线和曲线 $y=f(x)$ 交于点 $(c,f(c))$，$a<c<b$，证明：在 (a,b) 内至少存在一点 ξ，使 $f''(\xi)=0$.

证明 因为 $f(x)$ 在 $[a,b]$ 上连续，在 (a,b) 内可导，又因为 $a<c<b$，所以至少存在一点 $\xi_1 \in (a,c)$，使 $f'(\xi_1)=\dfrac{f(c)-f(a)}{c-a}$，至少存在一点 $\xi_2 \in (c,b)$，使 $f'(\xi_2)=\dfrac{f(b)-f(c)}{b-c}$.

因为点 $(a,f(a))$，$(b,f(b))$，$(c,f(c))$ 在同一直线上，所以 $f'(\xi_1)=f'(\xi_2)$. 又因为 $y'=f'(x)$ 在 (a,b) 内可导，故在 (ξ_1,ξ_2) 内可导，且在 $[\xi_1,\xi_2]$ 上连续，由罗尔定理知，至少有一点 ξ，使 $[f'(x)]'|_{x=\xi}=f''(\xi)=0 (\xi \in [\xi_1,\xi_2] \subset (a,b))$.

3.1.4 柯西中值定理

如果函数 $f(x)$ 及 $F(x)$ 在闭区间 $[a,b]$ 上连续，在开区间 (a,b) 内可导，且 $F'(x)$ 在 (a,b) 内的每一点处均不为零，那么在 (a,b) 内至少有一点 ξ，使 $\dfrac{f(b)-f(a)}{F(b)-F(a)}=\dfrac{f'(\xi)}{F'(\xi)}$ 成立.

证明 构造辅助函数

$$\varphi(x)=f(x)-f(a)-\frac{f(b)-f(a)}{F(b)-F(a)}[F(x)-F(a)]$$

则 $\varphi(x)$ 在 $[a,b]$ 上连续，在 (a,b) 内可导，且 $\varphi(a)=\varphi(b)=0$，那么由罗尔定理知，至少存在一点 $\xi \in (a,b)$，使 $\varphi'(\xi)=0$. 即 $f'(\xi)-\dfrac{f(b)-f(a)}{F(b)-F(a)}F'(\xi)=0$，所以 $\dfrac{f'(\xi)}{F'(\xi)}$

$$= \frac{f(b) - f(a)}{F(b) - F(a)}.$$

$$\left[\text{设} \widehat{AB} \text{为} \begin{cases} X = F(x) \\ Y = f(x) \end{cases} (a \leqslant x \leqslant b), \text{其他与 Lagrange 辅助函数设法相同}\right]$$

例 3.6　设函数 $f(x)$ 在 $[0,1]$ 上连续，在 $(0,1)$ 内可导. 试证明：至少存在一点 $\xi \in (0, 1)$. 使 $f'(\xi) = 2\xi[f(1) - f(0)]$

证明　问题转化为证 $\dfrac{f(1) - f(0)}{1 - 0} = \dfrac{f'(\xi)}{2\xi} = \left.\dfrac{f'(x)}{(x^2)'}\right|_{x = \xi}.$

设 $F(x) = x^2$，则 $f(x)$, $F(x)$ 在 $[0,1]$ 上满足柯西中值定理条件，因此在 $(0,1)$ 内至少存在一点 ξ，使 $\dfrac{f(1) - f(0)}{1 - 0} = = \dfrac{f'(\xi)}{2\xi}$，即 $f'(\xi) = 2\xi[f(1) - f(0)]$.

习　题　3.1

1. 设 $a_1, a_2, a_3, \cdots, a_n$，为满足 $a_1 - \dfrac{a_2}{3} + \cdots + (-1)^{n-1} \dfrac{a_n}{2n-1} = 0$ 的实数，试证明：方程 $a_1 \cos x + a_2 \cos 3x + \cdots + a_n \cos(2n-1)x = 0$，在 $\left(0, \dfrac{\pi}{2}\right)$ 内至少存在一个实根.

2. 设 $f(x)$ 在 $[a, b]$ 上连续，在 (a, b) 内可导，且 $f(a) = f(b) = 0$ 证明：存在 $\xi \in (a, b)$，使 $f'(\xi) = f(\xi)$ 成立.

3. 设函数 $f(x)$ 在 $[a, b]$ 上连续，在 (a, b) 内可导，且 $f(a) \cdot f(b) > 0$. 若存在常数 $c \in (a, b)$，使得 $f(a) \cdot f(c) < 0$，试证明：至少存在一点 $\xi \in (a, b)$ 使得 $f'(\xi) = 0$.

3.2　洛必达法则

3.2.1　未定式

当 $x \to a$（或 $x \to \infty$）时，函数 $f(x)$ 与 $F(x)$ 都趋于零或都趋于无穷大，那么，极限 $\lim\limits_{\substack{x \to a \\ (x \to \infty)}} \dfrac{f(x)}{F(x)}$ 可能存在，也可能不存在，称此极限为未定式，分别记为 $\dfrac{0}{0}$ 型或 $\dfrac{\infty}{\infty}$ 型. 计算未定式的极限往往需要经过适当的变形，转化成可利用极限运算法则或重要极限的形式进行计算. 这种变形没有一般方法，需视具体问题而定，属于特定的方法. 本节将用导数作为工具，给出计算未定式极限的一般方法，即洛必达法则. 本节的几个定理所给出的求极限的方法统称为洛必达法则.

3.2.2　$\dfrac{0}{0}$型未定式

定理 3.2　洛必达(L′Hospital)法则:$\left(\dfrac{0}{0}\text{型}\right)(x\to a)$.

(1) $\lim\limits_{x\to a}f(x)=0,\lim\limits_{x\to a}F(x)=0$;

(2) 在点 a 的某去心邻域,$f'(x)$ 及 $F'(x)$存在,且 $F'(x)\neq0$;

(3) $\lim\limits_{x\to a}\dfrac{f'(x)}{F'(x)}$存在(或为无穷大),

那么$\lim\limits_{x\to a}\dfrac{f(x)}{F(x)}=\lim\limits_{x\to a}\dfrac{f'(x)}{F'(x)}$.

证明　补充定义:令 $f(a)=F(a)=0$(因为 $x\to a$ 极限与该点值无关),则 $f(x)$,$F(x)$在 a 点连续,设 x 为点 a 的邻域内一点,则 $f(x)$,$F(x)$在$[a,x]$上连续,在(a,x)内可导,由柯西中值定理知,至少有一点 $\xi\in(a,x)$使

$$\frac{f(x)-f(a)}{F(x)-F(a)}=\frac{f'(\xi)}{F'(\xi)}$$

又左边$=\dfrac{f(x)}{F(x)}$,且 $x\to a$ 时,$\xi\to a$,所以

$$\lim_{x\to a}\frac{f(x)-f(a)}{F(x)-F(a)}=\lim_{\xi\to a}\frac{f'(\xi)}{F'(\xi)}=\lim_{x\to a}\frac{f'(x)}{F'(x)}$$

例 3.7　求$\lim\limits_{x\to 0}\dfrac{\sin ax}{\sin bx}(b\neq0)$.

解　$\left(\dfrac{0}{0}\text{型}\right)\lim\limits_{x\to 0}\dfrac{\sin ax}{\sin bx}=\lim\limits_{x\to 0}\dfrac{a\cos ax}{b\cos bx}=\dfrac{a}{b}$.

例 3.8　求$\lim\limits_{x\to 3}\dfrac{x^3-3x+2}{x^3-x^2-x+1}$.

$$\lim_{x\to 3}\frac{x^3-3x+2}{x^3-x^2-x+1}=\lim_{x\to 1}\frac{3x^2-3}{3x^2-2x-1}=\lim_{x\to 1}\frac{6x}{6x-2}=\frac{3}{2}$$

例 3.9　求$\lim\limits_{x\to 0}\dfrac{x-\sin x}{x^3}$.

$$\lim_{x\to 0}\frac{x-\sin x}{x^3}=\lim_{x\to 0}\frac{1-\cos x}{3x^2}=\lim_{x\to 0}\frac{\sin x}{6x}=\frac{1}{6}$$

3.2.3　$\dfrac{\infty}{\infty}$型未定式

定理 3.3　洛必达法则:$\left(\dfrac{\infty}{\infty}\text{型}\right)(x\to a)$.

(1) $\lim\limits_{x\to a}f(x)=\infty,\lim\limits_{x\to a}F(x)=\infty$;

(2) $f(x)$与 $F(x)$在 $\overset{\circ}{U}(a)$内可导,且 $F'(x)\neq0$;

(3) $\lim\limits_{x\to a}\dfrac{f'(x)}{F'(x)}$存在(或为$\infty$),

那么$\lim\limits_{x\to a}\dfrac{f(x)}{F(x)}=\lim\limits_{x\to a}\dfrac{f'(x)}{F'(x)}$.

例 3.10　求 $\lim\limits_{x \to +\infty} \dfrac{\dfrac{\pi}{2} - \arctan x}{\dfrac{1}{x}}$.

解　$\lim\limits_{x \to +\infty} \dfrac{\dfrac{\pi}{2} - \arctan x}{\dfrac{1}{x}} = \lim\limits_{x \to +\infty} \dfrac{-\dfrac{1}{1+x^2}}{-\dfrac{1}{x^2}} = \lim\limits_{x \to +\infty} \dfrac{x^2}{1+x^2} = 1.$

例 3.11　求 $\lim\limits_{x \to +\infty} \dfrac{3x^2 - 2x - 1}{2x^3 - x^2 + 5}$.

解　$\lim\limits_{x \to +\infty} \dfrac{3x^2 - 2x - 1}{2x^3 - x^2 + 5} = \lim\limits_{x \to +\infty} \dfrac{6x - 2}{6x^2 - 2x} = \lim\limits_{x \to +\infty} \dfrac{6}{12x - 2} = 0.$

例 3.12　求 $\lim\limits_{x \to +\infty} \dfrac{\ln x}{x^n}(n > 0)$.

解　$\lim\limits_{x \to +\infty} \dfrac{\ln x}{x^n} = \lim\limits_{x \to +\infty} \dfrac{\dfrac{1}{x}}{nx^{n-1}} = \lim\limits_{x \to +\infty} \dfrac{1}{nx^n} = 0.$

（即 $x \to +\infty$ 时,对数函数比指数函数趋近于无穷大慢）

例 3.13　求 $\lim\limits_{x \to +\infty} \dfrac{x^n}{\mathrm{e}^{\lambda x}}(n$ 为正整数$,\lambda > 0)$.

解　$\lim\limits_{x \to +\infty} \dfrac{x^n}{\mathrm{e}^{\lambda x}} = \lim\limits_{x \to +\infty} \dfrac{nx^{n-1}}{\lambda \mathrm{e}^{\lambda x}} = \lim\limits_{x \to +\infty} \dfrac{n(n-1)x^{n-2}}{\lambda^2 \mathrm{e}^{\lambda x}} = \cdots = \lim\limits_{x \to +\infty} \dfrac{n!}{\lambda^n \mathrm{e}^{\lambda x}} = 0.$

（即当 $x \to +\infty$ 时,指数函数比幂函数趋近无穷大慢）

（所以趋于无穷大速度由慢到快,$\ln x < x^n < \mathrm{e}^{\lambda x}$）

对于 $0 \cdot \infty$ 型,$\infty - \infty$（同时为 $+\infty$ 或同时为 $-\infty$ 型）,$0^0, 1^\infty, \infty^0$ 型的未定式,可以转化为 $\dfrac{0}{0}$ 或 $\dfrac{\infty}{\infty}$ 型未定式来计算.

解决方法：取倒数,通分,取对数.

例 3.14　求 $\lim\limits_{x \to 0^+} x^n \ln x (n > 0)(0 \cdot \infty$ 型$)$.

解　$\lim\limits_{x \to 0^+} \dfrac{\ln x}{x^{-n}} = \lim\limits_{x \to 0^+} \dfrac{\dfrac{1}{x}}{-nx^{-n-1}} = \lim\limits_{x \to 0^+} \dfrac{-1}{nx^{-n}} = \lim\limits_{x \to 0^+} \dfrac{-x^n}{n} = 0.$

注　对 $0 \cdot \infty$ 型未定式,可以化为 $\dfrac{0}{0}$ 或 $\dfrac{\infty}{\infty}$ 型未定式,但为计算简便,一般把它变化成分子分母易求导的类型（即颠倒那个易求导的,此类题要活,颠倒极限为 0 的不易求,就颠倒极限为 ∞ 的）.

对上式或化为 $\dfrac{0}{0}$ 型,则 $\lim\limits_{x \to 0^+} \dfrac{x^n}{(\ln x)^{-1}} = \lim\limits_{x \to 0^+} \dfrac{nx^{n-1}}{-(\ln x)^{-2} \cdot \dfrac{1}{x}} = \lim\limits_{x \to 0^+} -\dfrac{nx^n}{(\ln x)^{-2}}.$

例 3.15　求 $\lim\limits_{x \to \frac{\pi}{2}} (\sec x - \tan x)$.

解　$\lim\limits_{x \to \frac{\pi}{2}} (\sec x - \tan x) = \lim\limits_{x \to \frac{\pi}{2}} \dfrac{1 - \sin x}{\cos x} = \lim\limits_{x \to \frac{\pi}{2}} \dfrac{-\cos x}{-\sin x} = 0.$

例 3.16 求 $\lim\limits_{x\to 0^+} x^x (0^0 \text{ 型})$.

计算 0^0，∞^0 型，1^∞ 型：一般对 $y = f(x)^{g(x)}$ 两边同时取对数，则右边为 $g(x)$ · $\ln f(x)$ 为 $0 \cdot \infty$ 型，再颠倒一项化为 $\dfrac{0}{0}$ 或 $\dfrac{\infty}{\infty}$.

解 设 $y = x^x$，取对数，得 $\ln y = x\ln x$，则

$$\lim_{x\to 0^+}\ln y = \lim_{x\to 0^+} x \cdot \ln x = \lim_{x\to 0^+}\frac{\ln x}{x^{-1}} = \lim_{x\to 0^+}\frac{\dfrac{1}{x}}{-x^{-2}} = \lim_{x\to 0^+}(-x) = 0$$

所以 $\lim\limits_{x\to 0^+} y = \lim\limits_{x\to 0} \mathrm{e}^{\ln y} = \mathrm{e}^0 = 1$.

例 3.17 求 $\lim\limits_{x\to\infty}\left(1+\dfrac{a}{x}\right)^x$.

解 令 $y = \left(1+\dfrac{a}{x}\right)^x$，则 $\ln y = x\ln\left(1+\dfrac{a}{x}\right)$，故

$$\lim_{x\to\infty}\ln y = \lim_{x\to\infty}\left[\frac{\ln\left(1+\dfrac{a}{x}\right)}{x^{-1}}\right] = \lim_{x\to\infty}\frac{\dfrac{1}{1+\dfrac{a}{x}}\cdot\left(-\dfrac{a}{x^2}\right)}{-\dfrac{1}{x^2}} = a$$

故 $\lim\limits_{x\to\infty} y = \lim\limits_{x\to\infty}\mathrm{e}^{\ln y} = \mathrm{e}^{\lim\limits_{x\to\infty}\ln y} = \mathrm{e}^a$.

注 求未定式极限时，最好将洛必达法则与其他求极限方法结合使用，能化简时尽可能化简，能应用等价无穷小或重要极限时，尽可能应用.

例 3.18 求 $\lim\limits_{x\to 0}\dfrac{\tan x - x}{x^2\sin x}$.

$$I = \lim_{x\to 0}\left(\frac{\tan x - x}{x^3}\cdot\frac{x}{\sin x}\right) = \lim_{x\to 0}\frac{\tan x - x}{x^3}$$

$$= \lim_{x\to 0}\frac{\sec^2 x - 1}{3x^2} = \lim_{x\to 0}\frac{1-\cos^2 x}{3x^2\cos^2 x} = \lim_{x\to 0}\frac{\sin^2 x}{3x^2\cos^2 x} = \frac{1}{3}$$

例 3.19 求 $\lim\limits_{x\to 0}\dfrac{3x - \sin 3x}{(1-\cos x)\ln(1+2x)}$.

解 原式 $= \lim\limits_{x\to 0}\dfrac{3x-\sin 3x}{\dfrac{1}{2}x^2 \cdot 2x} = \lim\limits_{x\to 0}\dfrac{3x-\sin 3x}{x^3}\lim\limits_{x\to 0}\dfrac{3x-\sin 3x}{x^3} = \lim\limits_{x\to 0}\dfrac{3-3\cos 3x}{3x^2}$

$$= \lim_{x\to 0}\frac{3\sin 3x}{2x} = \frac{9}{2}.$$

例 3.20 求 $\lim\limits_{x\to 0^+}\left(\dfrac{\sin x}{x}\right)^{\csc x}$.

解 $\lim\limits_{x\to 0^+}\left(\dfrac{\sin x}{x}\right)^{\csc x} = \mathrm{e}^{\lim\limits_{x\to 0^+}\ln\left(\frac{\sin x}{x}\right)^{\csc x}}$.

因为

$$\lim_{x\to 0^+}\ln\left(\frac{\sin x}{x}\right)^{\csc x} = \lim_{x\to 0^+}\csc x\ln\left(\frac{\sin x}{x}\right) = \lim_{x\to 0^+}\frac{\ln\left(\dfrac{\sin x}{x}\right)}{\sin x}$$

$$= \lim_{x \to 0^+} \left[\frac{\ln\left[\left(\frac{\sin x}{x} - 1\right) + 1\right]}{\frac{\sin x}{x} - 1} \cdot \frac{\frac{\sin x}{x} - 1}{\sin x} \right]$$

$$= \lim_{x \to 0^+} \frac{\sin x - x}{\sin x \cdot x} = \lim_{x \to 0^+} \frac{-\sin x}{-x\sin x + 2\cos x} = 0$$

故原式 $= \mathrm{e}^0 = 1$.

注　①当求到某一步时,极限是未定式,才能应用洛必达法则,否则会导致错误结果.

②当定理条件满足时,所求极限一定存在(或为 ∞);当定理条件不满足时,所求极限不一定不存在.

例 3.21　求 $\lim\limits_{x \to \infty} \dfrac{x + \sin x}{x}$.

解　因分子极限不存在,故不满足洛必达法则条件.

但 $\lim\limits_{x \to \infty} \dfrac{x + \sin x}{x} = \lim\limits_{x \to \infty}\left(1 + \dfrac{\sin x}{x}\right) = 1 + 0 = 1$.

例 3.22　求 $\lim\limits_{x \to 0} \dfrac{x^2 \sin \frac{1}{x}}{\sin x}$.

解　$\lim\limits_{x \to 0} \dfrac{x^2 \sin \frac{1}{x}}{\sin x} = \lim\limits_{x \to 0}\left(\dfrac{x}{\sin x} \cdot x \sin \dfrac{1}{x}\right) = 1 \cdot 0 = 0$.

习　题　3.2

1. 求 $\lim\limits_{x \to 0}\left(\dfrac{\sin x}{x}\right)^{\frac{1}{1 - \cos x}}$.

2. 求 $\lim\limits_{x \to +0}\left(\cos \sqrt{x}\right)^{\frac{\pi}{x}}$.

3. 求 $\lim\limits_{x \to 0^+}\left(\cot x\right)^{\frac{1}{\ln x}}$.

4. 求 $\lim\limits_{x \to +\infty}\left(\mathrm{e}^{3x} - 5x\right)^{1/x}$.

3.3　函数的单调性与曲线的凹凸性

3.3.1　函数的单调性的判定法

设函数 $y = f(x)$ 在 $[a, b]$ 上连续,在 (a, b) 内可导.

(1) 若 $\forall x \in (a, b)$ 时, $f'(x) > 0$,则 $y = f(x)$ 在 $[a, b]$ 上单调增加;

(2) 若 $\forall x \in (a, b)$ 时, $f'(x) < 0$,则 $y = f(x)$ 在 $[a, b]$ 上单调减少.

（此区间换成开区间,半开半闭区间或无穷区间,结论仍成立,因单调增加或单调减少都在区间上,与端点无关）

证明 对 $\forall x_1, x_2 \in (a, b)$,设 $x_1 < x_2$,则 $f(x)$ 在 $[x_1, x_2]$ 上连续,在 (x_1, x_2) 内可导且

$$f(x_2) - f(x_1) = f'(\xi)(x_2 - x_1) \quad (x_1 < \xi < x_2)$$

因 $f'(\xi) > 0, (x_2 - x_1) > 0$,故 $f(x_2) > f(x_1)$,即 $y = f(x)$ 在 $[a, b]$ 上单调增加,同理可证(2).

例 3.23 判断 $y = x - \sin x$ 在区间 $[0, 2\pi]$ 上的单调性.

解 因 $x \in (0, 2\pi)$ 时, $y' = 1 - \cos x > 0$,故其在该区间单调增加.

例 3.24 讨论函数 $y = e^x - x - 1$ 的单调性.

解 $y' = e^x - 1$,因 y 的定义域为 $(-\infty, +\infty)$,故 $y' > 0$,即 y 在 $(0, +\infty)$ 上单调增加, $y' < 0$ 时 $x < 0$,则 y 在 $(0, +\infty)$ 上单调减少.

例 3.25 讨论 $y = x^{\frac{2}{3}}$ 的增减性.

解 因 $y' = \frac{2}{3} x^{-\frac{1}{3}} = \frac{2}{3\sqrt[3]{x}}$,故 $x = 0$ 为导数不存在的点,因当 $x > 0$ 时, $y' > 0$,故 y 在 $[0, +\infty]$ 上单调增加, $x < 0$ 时, $y' < 0$,故 y 在 $[-\infty, 0]$ 上单调减少.

例 3.26 设 $k > 0$,求 $\ln x - \frac{x}{e} + k = 0$ 的实根个数.

解 设 $f(x) = \ln x - \frac{x}{e} + k$,则 $f'(x) = \frac{1}{x} - \frac{1}{e}$,因 $x > 0$,故当 $0 < x < e$ 时, $f'(x) > 0$, $(0, e)$ 上 $f(x)$ 单调增加,当 $x > e$ 时, $f'(x) < 0$,故 $f(x)$ 在 $[e, +\infty)$ 上单调减少.

因 $f(e) = \ln e - 1 + k = k > 0$, $\lim\limits_{x \to 0^+} f(x) = \lim\limits_{x \to 0^+} \left(\ln x - \frac{x}{e} + k \right) = -\infty$,

$$\lim_{x \to +\infty} f(x) = \lim_{x \to +\infty} \left(\ln x - \frac{x}{e} + k \right) = \lim_{x \to +\infty} \left(\ln x - \ln e^{\frac{x}{e}} \right) = \lim_{x \to +\infty} \left[\ln \frac{x}{e^{\frac{x}{e}}} \right]$$

又因

$$\lim_{x \to +\infty} \frac{x}{e^{\frac{x}{e}}} = \lim_{x \to +\infty} \frac{1}{e^{\frac{x}{e}} \cdot \frac{1}{e}} = 0 \quad \left(\text{且} \frac{x}{e^{\frac{x}{e}}} > 0 \right)$$

所以 $\lim\limits_{x \to +\infty} f(x) = -\infty$.

由此得到在 $(0, e)$ 及 $(e, +\infty)$ 上各有一实根,即有两个实根.

3.3.2 曲线的凹凸性与拐点

定义 3.1 设 $f(x)$ 在区间 I 上连续,如果对 $\forall x_1, x_2 \in I$,恒有

$$f\left(\frac{x_1 + x_2}{2} \right) < \frac{f(x_1) + f(x_2)}{2}$$

那么称 $f(x)$ 在 I 上的图形是(向上)凹的(或凹弧),反之若恒有

$$f\left(\frac{x_1 + x_2}{2} \right) > \frac{f(x_1) + f(x_2)}{2}$$

那么称 $f(x)$ 在 I 上的图形是(向上)凸的(或凸弧).

定理 3.4(利用二阶导数符号判别曲线凹凸性)　设 $f(x)$ 在 $[a,b]$ 上连续,在 $[a,b]$ 内具有一阶和二阶导数,那么

(1) 若在 (a,b) 内,$f''(x)>0$,则 $f(x)$ 在 $[a,b]$ 上的图形是凹的;

(2) 若在 (a,b) 内,$f''(x)<0$,则 $f(x)$ 在 $[a,b]$ 上的图形是凸的.

证明　利用 Taylor 公式:因

$$f(x) = f(x_0) + f'(x_0)(x - x_0) + \frac{f''(\xi)}{21}(x - x_0)^2$$

令 $x_0 = \dfrac{x_1 + x_2}{2}$,则

$$f(x_1) = f\left(\frac{x_1 + x_2}{2}\right) + f'\left(\frac{x_1 + x_2}{2}\right)\left(x_1 - \frac{x_1 + x_2}{2}\right) + \frac{f''(\xi)}{2}\left(x_1 - \frac{x_1 + x_2}{2}\right)$$

$$= f\left(\frac{x_1 + x_2}{2}\right) + f'\left(\frac{x_1 + x_2}{2}\right)\left(\frac{x_1 - x_2}{2}\right) + \frac{f''(\xi_1)}{2}\left(\frac{x_1 - x_2}{2}\right)^2$$

$$\xi_1 \in \left(x_1, \frac{x_1 + x_2}{2}\right)$$

$$f(x_2) = f\left(\frac{x_1 + x_2}{2}\right) + f'\left(\frac{x_1 + x_2}{2}\right)\left(x_2 - \frac{x_1 + x_2}{2}\right) + \frac{f''(\xi_2)}{2}\left(x_2 - \frac{x_1 + x_2}{2}\right)^2$$

$$= f\left(\frac{x_1 + x_2}{2}\right) + f'\left(\frac{x_1 + x_2}{2}\right)\left[\frac{-(x_1 - x_2)}{2}\right] + \frac{f''(\xi_2)}{2}\left(\frac{x_1 - x_2}{2}\right)^2$$

$$\xi_2 \in \left(\frac{x_1 + x_2}{2}, x_2\right)$$

所以 $f(x_1) + f(x_2) = 2f\left(\dfrac{x_1 + x_2}{2}\right) + \dfrac{1}{2}\left(\dfrac{x_1 - x_2}{2}\right)^2[f''(\xi_1) + f''(\xi_2)]$.

若 $f''(x)>0$,则 $f(x_1) + f(x_2) > 2f\left(\dfrac{x_1 + x_2}{2}\right)$,即 $\dfrac{f(x) + f(x_2)}{2} > f\left(\dfrac{x_1 + x_2}{2}\right)$,所以曲线图形是凹的.

例 3.27　判断曲线 $y = \ln x$ 的凹凸性.

解　$y' = \dfrac{1}{x}$,$y'' = -\dfrac{1}{x^2}$,因定义域为 $(0, +\infty)$,故在 $(0, +\infty)$ 上,$y''<0$,曲线是凸的.

例 3.28　判定曲线 $y = x^3$ 的凹凸性.

解　由 $y' = 3x^2$,$y'' = 6x$,当 $x<0$ 时 $y''<0$,故在 $(-\infty, 0)$ 内为凸弧;

当 $x>0$ 时,$y''>0$,故在 $(0, +\infty)$ 内为凹弧.$(0,0)$(是曲线由凸变凹的分界点)称为曲线的拐点.

定义 3.2　曲线的拐点:曲线由凸变凹的分界点(或凹变凸).

曲线拐点的判定法:

拐点的第一充分条件:先求 $f''(x)$,若 $f''(x_0) = 0$ 或 $f''(x_0)$ 不存在(但 $f(x)$ 在 x_0 处连续),而在 x_0 左右两侧邻近 $f''(x)$ 异号,则点 $(x_0, f(x_0))$ 为 $f(x)$ 的拐点.

拐点的第二充分条件:若 $f(x)$ 在 x_0 邻近有连续的二阶导数,且 $f''(x_0) = 0$,而 $f'''(x_0)$ 存在且不为零,则点 $(x_0, f(x_0))$ 为 $f(x)$ 的拐点.

例 3.29　求曲线 $y = 2x^3 + 3x^2 - 12x + 14$ 的拐点.

解　$y' = 6x^2 + 6x - 12, y'' = 12x + 6$,由 $y'' = 0$ 得 $x = -\dfrac{1}{2}$.

因 $x < -\dfrac{1}{2}$ 时,$y'' < 0, x > -\dfrac{1}{2}$ 时,$y'' > 0$,故 $\left(-\dfrac{1}{2}, 20\dfrac{1}{2}\right)$ 是曲线拐点.

例 3.30　问曲线 $y = x^4$ 是否有拐点.

解　因 $y' = 4x^3, y'' = 12x^2$,故 $y'' = 0$ 时 $x = 0$,因 $x < 0$ 及 $x > 0$ 时 $y'' > 0$,故 $(0,0)$ 不是其拐点,曲线在 $(-\infty, +\infty)$ 内是凹的.

例 3.31　求曲线 $y = \sqrt[3]{x}$ 的拐点.

解　$y' = \dfrac{1}{3} \dfrac{1}{\sqrt[3]{x^2}}, y'' = -\dfrac{2}{9x\sqrt[3]{x^2}}$,故 $x = 0$ 是 y'' 不存在的点.

因 $x > 0$ 时,$y'' < 0, x < 0$ 时 $y'' > 0$,故 $(0,0)$ 是曲线拐点.

习　题　3.2

1. 试证明:当 $x > 0$ 时,$\ln(1 + x) > x - \dfrac{1}{2}x^2$.

2. 证明:方程 $x^5 + x + 1 = 0$ 在区间 $(-1, 0)$ 内有且只有一个实根.

3. 证明:方程 $\ln x = \dfrac{x}{e} - 1$ 在区间 $(0, +\infty)$ 内有两个实根.

3.4　函数的极值

在讨论函数的单调性时,曾遇到这样的情形,函数先是单调增加(或减少),到达某一点后又变为单调减少(或增加),这一类点实际上就是使函数单调性发生变化的分界点.具有这种性质的点在实际应用中有着重要的意义.由此我们引要入函数极值的概念.

定义 3.3　设函数 $f(x)$ 在点 x_0 的某邻域 $U(x_0)$ 内有定义,如果对于去心邻域 $\overset{\circ}{U}(x_0)$ 中的任一 x,有 $f(x) < f(x_0)$(或 $f(x) > f(x_0)$),就称 $f(x_0)$ 是 $f(x)$ 的一个极大值(或极小值).

定理 3.5　函数取得极值的必要条件:

设函数 $f(x)$ 在点 x_0 处可导,且在 x_0 处取得极值,那么 $f'(x_0) = 0$.

证明　设 $f(x_0)$ 为极大值(极小值情形可类似证明),则 $\exists \overset{\circ}{U}(x_0, \delta)$,对 $\forall x \in \overset{\circ}{U}(x_0, \delta)$ 有 $f(x) < f(x_0)$ 成立,故

$$f'_-(x_0) = \lim_{x \to x_0^-} \frac{f(x) - f(x_0)}{x - x_0} \geqslant 0$$

$$f'_+(x_0) = \lim_{x \to x_0^+} \frac{f(x) - f(x_0)}{x - x_0} \leqslant 0$$

而 $f'(x_0)$ 存在,从而 $f'(x_0) = 0$.

定理 3.6（函数取得极值的第一充分条件）　设在 $f(x)$ 在点 x_0 处连续,且在 x_0 的某一个邻域内可导,且 $f'(x_0)=0$:若在点 x_0 附近时:

(1) 当 $x<x_0$ 时,$f'(x)>0$,当 $x>x_0$ 时,$f'(x)<0$,则 $f(x)$ 在 x_0 处取得极大值;

(2) 若当 $x<x_0$ 时,$f'(x)<0$,$x>x_0$ 时,$f'(x)>0$,则 $f(x)$ 在 x_0 处取得极小值;

(3) 若当 $x<x_0$ 及 $x>x_0$ 时,都有 $f'(x)>0$ 或 $f'(x)<0$,则 $f(x)$ 在 x_0 处无极值.

证明　(1) $x<x_0$ 时,$f'(x)>0$,$f(x)$ 单调增加,$x>x_0$ 时,$f'(x)<0$ $f(x)$ 则单调减少,故极大值.

定理 3.7（函数取得极值的第二充分条件）　设 $f(x)$ 在点 x_0 处具有二阶导数,且 $f'(x_0)=0$,$f''(x_0)\neq0$(不是不存在),那么

(1) 当 $f''(x_0)<0$ 时,$f(x)$ 在 x_0 处取极大值;

(2) 当 $f''(x_0)>0$ 时,$f(x)$ 在 x_0 处取极小值.

证明　(1) 若 $f''(x_0)<0$,则 $f''(x_0)=\lim\limits_{x\to x_0}\dfrac{f'(x)-f'(x_0)}{x-x_0}<0$,根据函数极限的局部保号性:$\exists\mathring{U}(x_0,\delta_1)$,使 $\dfrac{f'(x)-f'(x_0)}{x-x_0}<0$,又因 $f'(x_0)=0$,所以 $\dfrac{f'(x)}{x-x_0}<0$,所以对 $x\in\mathring{U}(x_0,\delta_1)$,当 $x<x_0$ 时,$f'(x)>0$,当 $x>x_0$ 时,$f'(x)<0$,所以 $f(x)$ 在 x_0 点取得极大值.

求函数的极值点和极值的步骤:

(1) 确定函数 $f(x)$ 的定义域,并求其导数 $f'(x)$;

(2) 解方程 $f'(x)=0$ 求出 $f(x)$ 的全部驻点与不可导点;

(3) 讨论 $f'(x)$ 在驻点和不可导点左、右两侧邻近符号变化的情况,确定函数的极值点;

(4) 求出各极值点的函数值,就得到函数 $f(x)$ 的全部极值.

例 3.32　$f_1(x)=-x^4$,$f_2(x)=x^4$,$f_3(x)=x^3$,有

$f_1'(0)=0$,$f_1''(0)=0$,但 $f(0)=0$ 是极大值;

$f_2'(0)=0$,$f_2''(0)=0$,但 $f(0)=0$ 是极小值;

$f_3'(0)=0$,$f_3''(0)=0$,但 $f(0)=0$ 不是极值.

习　题　3.4

1. 由直线 $y=0$,$x=8$ 及抛物线 $y=x^2$ 围成一个曲边三角形,在曲边 $y=x^2$ 上求一点,使曲线在该点处的切线与直线 $y=0$ 及 $x=8$ 所围成的三角形面积最大.

2. 设 $\lim\limits_{x\to a}\dfrac{f(x)-f(a)}{(x-a)^2}=-1$,则在点 a 处(　　).

(A) $f(x)$ 的导数存在,且 $f'(a)\neq0$　　　(B) $f(x)$ 取得极大值

(C) $f(x)$ 取得极小值　　　(D) $f(x)$ 的导数不存在.

第4章 不定积分

前面讨论了一元函数微分学,从本章开始我们将讨论高等数学中的第二个核心内容:一元函数积分学.本章主要介绍不定积分的概念与性质以及根本的积分方法.

4.1 不定积分的概念与性质

4.1.1 不定积分的概念

在微分学中,我们讨论了求一个函数的导数(或微分)的问题,例如,变速直线运动中位移函数为

$$s = s(t)$$

那么质点在时刻 t 的瞬时速度表示为

$$v = s'(t)$$

实际上,在运动学中常常遇到相反的问题,即变速直线运动的质点在时刻 t 的瞬时速度

$$v = v(t)$$

求出质点的位移函数

$$s = s(t)$$

即函数的导数,求原来的函数.这种问题在自然科学和工程技术问题中普遍存在.为了便于研究,我们引入以下概念.

1. 原函数

定义 4.1 如果在区间 I 上,可导函数 $F(x)$ 的导函数为 $f(x)$,即对任一 $x \in I$,都有

$$F'(x) = f(x) \quad \text{或} \quad dF(x) = f(x)dx$$

那么函数 $F(x)$ 就称为 $f(x)$ 在区间 I 上的原函数.

例如,在变速直线运动中,$s'(t) = v(t)$,所以位移函数 $s(t)$ 是速度函数 $v(t)$ 的原函数;

再如,$(\sin x)' = \cos x$,所以 $\sin x$ 是 $\cos x$ 在 $(-\infty, +\infty)$ 上的一个原函数.$(\ln x)' = \dfrac{1}{x}$ $(x > 0)$,所以 $\ln x$ 是 $\dfrac{1}{x}$ 在 $(0, +\infty)$ 的一个原函数.

一个函数具备什么样的条件,就一定存在原函数呢? 这里我们给出一个充分条件.

定理 4.1 如果函数 $f(x)$ 在区间 I 上连续,那么在区间 I 上一定存在可导函数

$F(x)$,使对任一 $x \in I$ 都有

$$F'(x) = f(x)$$

简言之,连续函数一定有原函数.由于初等函数在其定义区间上都是连续函数,所以初等函数在其定义区间上都有原函数.

定理 4.1 的证明,将在后面章节给出.

关于原函数,不难得到下面的结论:

假设 $F'(x) = f(x)$,那么对于任意常数 C,$F(x) + C$ 都是 $f(x)$ 的原函数.也就是说,一个函数如果存在原函数,那么有无穷多个.

假设 $F(x)$ 和 $f(x)$ 都是 $f(x)$ 的原函数,那么 $[F(x) - f(x)]' \equiv 0$,必有 $F(x) - f(x) = C$,即一个函数的任意两个原函数之间相差一个常数.

因此我们有如下的定理:

定理 4.2 假设 $F(x)$ 和 $f(x)$ 都是的 $f(x)$ 原函数,那么 $F(x) - f(x) = C$(C 为任意常数).

假设 $F'(x) = f(x)$,那么 $F(x) + C$(C 为任意常数)表示 $f(x)$ 的所有原函数.我们称集合 $\{F(x) + C \mid -\infty < C < +\infty\}$ 为 $f(x)$ 的原函数族.由此,我们引入下面的定义.

2. 不定积分

定义 4.2 在区间 I 上,函数 $f(x)$ 的所有原函数的全体,称为 $f(x)$ 在 I 上的不定积分,记作

$$\int f(x) \mathrm{d}x$$

其中 $\int$ 称为积分号,$f(x)$ 称为被积函数,$f(x)\mathrm{d}x$ 称为被积表达式,x 称为积分变量.

由此定义,假设 $F(x)$ 是 $f(x)$ 的在区间 I 上的一个原函数,那么 $f(x)$ 的不定积分可表示为

$$\int f(x) \mathrm{d}x = F(x) + C$$

注 (1) 不定积分和原函数是两个不同的概念,前者是个集合,后者是该集合中的一个元素.

(2) 求不定积分,只需求出它的某一个原函数作为其无限个原函数的代表,再加上一个任意常数 C.

例 4.1 求 $\int 3x^2 \mathrm{d}x$.

解 因为 $(x^3)' = 3x^2$,所以 $\int 3x^2 \mathrm{d}x = x^3 + C$.

例 4.2 求 $\int \sin x \cos x \mathrm{d}x$.

解 (1) 因为 $(\sin^2 x)' = 2\sin x \cos x$,所以 $\int \sin x \cos x \mathrm{d}x = \dfrac{1}{2}\sin^2 x + C$;

(2) 因为 $(\cos^2 x)' = -2\cos x \sin x$,所以 $\int \sin x \cos x \mathrm{d}x = -\dfrac{1}{2}\cos^2 x + C$;

(3) 因为 $(\cos 2x)' = -2\sin 2x = -4\sin x \cos x$,所以 $\int \sin x \cos x \mathrm{d}x = -\dfrac{1}{4}\cos 2x + C$.

例 4.3 求 $\int \dfrac{1}{x} \mathrm{d}x$.

解 由于 $x>0$ 时，$(\ln x)' = \dfrac{1}{x}$，所以 $\ln x$ 是 $\dfrac{1}{x}$ 在 $(0, +\infty)$ 上的一个原函数，因此在 $(0, +\infty)$ 内，$\int \dfrac{1}{x} \mathrm{d}x = \ln x + C$.

又当 $x<0$ 时，$[\ln(-x)]' = \dfrac{1}{x}$，所以 $\ln(-x)$ 是 $\dfrac{1}{x}$ 在 $(-\infty, 0)$ 上的一个原函数，因此在 $(-\infty, 0)$ 内，$\int \dfrac{1}{x} \mathrm{d}x = \ln(-x) + C$.

综上，$\int \dfrac{1}{x} \mathrm{d}x = \ln|x| + C$.

例 4.4 在自由落体运动中，物体下落的时间为 t，求 t 时刻的下落速度和下落距离.

解 设 t 时刻的下落速度为 $v = v(t)$，那么加速度 $a(t) = \dfrac{\mathrm{d}v}{\mathrm{d}t} = g$（其中 g 为重力加速度）.

因此

$$v(t) = \int a(t)\mathrm{d}t = \int g\mathrm{d}t = gt + C$$

又当 $t = 0$ 时，$v(0) = 0$，所以 $C = 0$. 于是下落速度 $v(t) = gt$.

设下落距离为 $s = s(t)$，则 $\dfrac{\mathrm{d}s}{\mathrm{d}t} = v(t)$. 所以

$$s(t) = \int v(t)\mathrm{d}t = \int gt\mathrm{d}t = \frac{1}{2}gt^2 + C$$

又当 $t = 0$ 时，$s(0) = 0$，所以 $C = 0$. 于是下落距离 $s(t) = \dfrac{1}{2}gt^2$.

3. 不定积分的几何意义

设函数 $f(x)$ 是连续的，假设 $F'(x) = f(x)$，那么称曲线 $y = F(x)$ 是函数 $f(x)$ 的一条积分曲线. 因此不定积分 $\int f(x)\mathrm{d}x = F(x) + C$ 在几何上表示被积函数的一族积分曲线.

积分曲线族具有如下特点（图 4.1）：

(1) 积分曲线族中任意一条曲线都可由其中某一条平移得到；

(2) 积分曲线上在横坐标相同的点处的切线的斜率是相同的，即在这些点处对应的切线都是平行的.

例 4.5 设曲线通过点 $(1, 2)$，且其上任一点处的切线斜率等于这点横坐标的两倍，求此曲线方程.

解 设曲线方程 $y = f(x)$，曲线上任一点 (x, y) 处切线的斜率 $\dfrac{\mathrm{d}y}{\mathrm{d}x} = 2x$，即 $f(x)$ 是 $2x$ 的一个原函数. 因为 $\int 2x\mathrm{d}x = x^2 + C$，又因曲线过 $(1, 2)$，所以

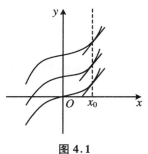

图 4.1

$$2 = 1 + C \quad (C = 1)$$

于是曲线方程为

$$y = x^2 + 1$$

4.1.2 根本积分公式

由定义可知,求原函数或不定积分与求导数或求微分互为逆运算,

我们把求不定积分的运算称为积分运算. 既然积分运算与微分运算是互逆的,那么很自然地从导数公式可以得到相应的积分公式.

例如,因为 $\left(\dfrac{x^{\mu+1}}{\mu+1}\right)' = x^\mu$,所以 $\displaystyle\int x^\mu \mathrm{d}x = \dfrac{x^{\mu+1}}{\mu+1} + C(\mu \neq -1)$.

类似可以得到其他积分公式,下面一些积分公式称为根本积分公式.

(1) $\displaystyle\int k\,\mathrm{d}x = kx + C(k \text{ 是常数})$;

(2) $\displaystyle\int x^\mu \mathrm{d}x = \dfrac{x^{\mu+1}}{\mu+1} + C(\mu \neq -1)$;

(3) $\displaystyle\int \dfrac{1}{x}\mathrm{d}x = \ln|x| + C$;

(4) $\displaystyle\int \sin x\,\mathrm{d}x = -\cos x + C$;

(5) $\displaystyle\int \cos x\,\mathrm{d}x = \sin x + C$;

(6) $\displaystyle\int \dfrac{1}{\cos^2 x}\mathrm{d}x = \int \sec^2 x\,\mathrm{d}x = \tan x + C$;

(7) $\displaystyle\int \dfrac{1}{\sin^2 x}\mathrm{d}x = \int \csc^2 x\,\mathrm{d}x = -\cot x + C$;

(8) $\displaystyle\int \sec x \tan x\,\mathrm{d}x = \sec x + C$;

(9) $\displaystyle\int \csc x \cot x\,\mathrm{d}x = -\csc x + C$;

(10) $\displaystyle\int \dfrac{1}{1+x^2}\mathrm{d}x = \arctan x + C, \int -\dfrac{1}{1+x^2}\mathrm{d}x = \operatorname{arccot} x + C$;

(11) $\displaystyle\int \dfrac{1}{\sqrt{1-x^2}}\mathrm{d}x = \arcsin x + C, \int -\dfrac{1}{\sqrt{1-x^2}}\mathrm{d}x = \arccos x + C$;

(12) $\int e^x dx = e^x + C$;

(13) $\int a^x dx = \dfrac{a^x}{\ln a} + C$;

以上 13 个根本积分公式,是求不定积分的根本,必须牢记.下面举例说明积分公式(2)的应用.

例 4.6 求不定积分 $\int x^2 \sqrt{x} dx$.

解 $\int x^2 \sqrt{x} dx = \int x^{\frac{5}{2}} dx = \dfrac{x^{\frac{5}{2}+1}}{\frac{5}{2}+1} + C = \dfrac{2}{7} x^{\frac{7}{2}} + C$.

以上例子中的被积函数化成了幂函数 x^μ 的形式,然后直接应用幂函数的积分公式(2)求出不定积分.但对于某些形式复杂的被积函数,如果不能直接利用根本积分公式求解,那么可以结合不定积分的性质和根本积分公式求出一些较为复杂的不定积分.

4.1.3 不定积分的性质

根据不定积分的定义,可以推得它有如下两个性质:

性质 4.1 积分运算与微分运算互为逆运算:

(1) $\left[\int f(x)dx\right]' = f(x)$ 或 $d\left[\int f(x)dx\right] = f(x)dx$;

(2) $\int F'(x)dx = F(x) + C$ 或 $\int dF(x) = F(x) + C$

性质 4.2 设函数 $f(x)$ 和 $g(x)$ 的原函数存在,那么

$$\int [f(x) + g(x)]dx = \int f(x)dx + \int g(x)dx$$

易得性质 4.2 对于有限个函数都是成立的.

性质 4.3 设函数 $f(x)$ 的原函数存在,k 为非零的常数,那么

$$\int kf(x)dx = k\int f(x)dx$$

由以上两条性质,得出不定积分的线性运算性质如下:

$$\int [kf(x) + lg(x)]dx = k\int f(x)dx + l\int g(x)dx$$

例 4.7 求 $\int \left(\dfrac{3}{1+x^2} - \dfrac{2}{\sqrt{1-x^2}}\right)dx$.

解 $\int \left(\dfrac{3}{1+x^2} - \dfrac{2}{\sqrt{1-x^2}}\right)dx = 3\int \dfrac{1}{1+x^2}dx - 2\int \dfrac{1}{\sqrt{1-x^2}}dx$

$$= 3\arctan x - 2\arcsin x + C.$$

例 4.8 求 $\int \dfrac{1+x+x^2}{x(1+x^2)}dx$.

解 原式 $= \int \dfrac{(1+x^2)+x}{x(1+x^2)}dx = \int \left(\dfrac{1}{x} + \dfrac{1}{1+x^2}\right)dx = \dfrac{x^3}{3} - x + \arctan x + C$.

例 4.9 求 $\int 2^x \mathrm{e}^x \mathrm{d}x$.

解 $\int 2^x \mathrm{e}^x \mathrm{d}x = \int (2\mathrm{e})^x \mathrm{d}x = \dfrac{1}{\ln 2\mathrm{e}}(2\mathrm{e})^x + C = \dfrac{2^x \mathrm{e}^x}{1 + \ln 2} + C$.

例 4.10 求 $\int \dfrac{1}{1 + \sin x} \mathrm{d}x$.

解 $\int \dfrac{1}{1 + \sin x} \mathrm{d}x = \int \dfrac{1 - \sin x}{(1 + \sin x)(1 - \sin x)} \mathrm{d}x = \int \dfrac{1 - \sin x}{\cos^2 x} \mathrm{d}x$

$\qquad = \int (\sec^2 x - \sec x \tan x) \mathrm{d}x = \tan x - \sec x + C$.

例 4.11 求 $\int \tan^2 x \mathrm{d}x$.

解 $\int \tan^2 x \mathrm{d}x = \int (\sec^2 x - 1) \mathrm{d}x = \tan x - x + C$.

注 本节例题中的被积函数在积分过程中,要么直接利用积分性质和根本积分公式,要么将函数恒等变形再利用积分性质和根本积分公式,这种方法称为根本积分法. 此外,积分运算的结果是否正确,可以通过它的逆运算(求导)来检验,如果它的导函数等于被积函数,那么积分结果是正确的,否则是错误的.

下面再看一个抽象函数的例子:

例 4.12 设 $f'(\sin^2 x) = \cos^2 x$,求 $f(x)$.

解 由 $f'(\sin^2 x) = \cos^2 x = 1 - \sin^2 x$,可得 $f'(x) = 1 - x$,从而 $f(x) = x - \dfrac{1}{2}x^2 + C$.

习 题 4.1

1. 求以下不定积分:

(1) $\int \dfrac{1}{x^4} \mathrm{d}x$;

(2) $\int x \sqrt[3]{x} \mathrm{d}x$;

(3) $\int \dfrac{\mathrm{d}h}{\sqrt{2gh}}$;

(4) $\int (ax^2 - b) \mathrm{d}x$;

(5) $\int \dfrac{x^2}{1 + x^2} \mathrm{d}x$;

(6) $\int \dfrac{x^4 + x^2 + 3}{x^2 + 1} \mathrm{d}x$;

(7) $\int \dfrac{x^2 + x\sqrt{x} + 3}{\sqrt[3]{x}} \mathrm{d}x$;

(8) $\int \left(\dfrac{2}{1 + x^2} + \dfrac{3}{\sqrt{1 - x^2}} \right) \mathrm{d}x$;

(9) $\int \left(2\mathrm{e}^x - \dfrac{3}{x} \right) \mathrm{d}x$;

(10) $\int \dfrac{\mathrm{d}x}{x^2(x^2 + 1)}$;

(11) $\int \dfrac{\sqrt{1 + x^2}}{\sqrt{1 - x^4}} \mathrm{d}x$;

(12) $\int \tan^2 x \mathrm{d}x$;

(13) $\int \sin^2 \dfrac{x}{2} \mathrm{d}x$;

(14) $\int \dfrac{\cos 2x \mathrm{d}x}{\cos x - \sin x}$;

$(15) \int \dfrac{1 + \cos^2 x}{1 + \cos 2x} \mathrm{d}x$；　　　　　　　$(16) \int \sec x (\sec x + \tan x) \mathrm{d}x$；

$(17) \int \dfrac{2 \cdot 3^x - 5 \cdot 2^x}{3^x} \mathrm{d}x$；　　　　　　$(18) \int \dfrac{\sqrt{x} - x^3 \mathrm{e}^x + x^2}{x^3} \mathrm{d}x$．

2. 某产品产量的变化率是时间 t 的函数，$f(t) = at + b(a, b$ 为常数）. 设此产品的产量函数为 $p(t)$，且 $p(0) = 0$，求 $p(t)$.

3. 验证：

$$\int \dfrac{\mathrm{d}x}{\sqrt{x - x^2}} = \arcsin(2x - 1) + C_1 = \arccos(1 - 2x) + C_2 = 2\arctan\sqrt{\dfrac{x}{1 - x}} + C_3$$

4. 设 $\int f'(x^3)\mathrm{d}x = x^3 + C$，求 $f(x)$.

4.2　换元积分法和不定积分法

4.2.1　换元积分法

上一节介绍了利用根本积分公式与积分性质的直接积分法，这种方法所能计算的不定积分是非常有限的. 因此，有必要进一步研究不定积分的求法. 这一节，我们将介绍不定积分的最根本也是最重要的方法——换元积分法，简称换元法. 其根本思想是：利用变量替换，使得被积表达式变形为根本积分公式中的形式，从而计算不定积分.

换元法通常分为两类，下面首先讨论第一类换元积分法.

1. 第一类换元积分法

定理 4.3　设 $f(u)$ 具有原函数，$u = \varphi(x)$ 可导，那么有换元公式

$$\int f[\varphi(x)]\varphi'(x)\mathrm{d}x = \left[\int f(u)\mathrm{d}u\right]_{u = \varphi(x)}$$

证明　不妨令 $F(u)$ 为 $f(u)$ 的一个原函数，那么 $\left[\int f(u)\mathrm{d}u\right]_{u = \varphi(x)} = F[\varphi(x)] + C$. 由不定积分的定义只需证明 $(F[\varphi(x)])' = f[\varphi(x)]\varphi'(x)$，利用复合函数的求导法显然成立.

注　由此定理可见，虽然不定积分 $\int f[\varphi(x)]\varphi'(x)\mathrm{d}x$ 是一个整体的记号，但从形式上看，被积表达式中的 $\mathrm{d}x$ 也可以当作自变量 x 的微分来对待. 从而微分等式 $\varphi'(x)\mathrm{d}x = \mathrm{d}u$ 可以方便地应用到被积表达式中.

例 4.13　求 $\int 3\mathrm{e}^{3x}\mathrm{d}x$.

解　$\int 3\mathrm{e}^{3x}\mathrm{d}x = \int \mathrm{e}^{3x} \cdot (3x)' \mathrm{d}x = \int \mathrm{e}^{3x}\mathrm{d}(3x) = \int \mathrm{e}^u \mathrm{d}u = \mathrm{e}^u + C$，最后，将变量 $u = 3x$ 代入，即得

$$\int 3\mathrm{e}^{3x}\mathrm{d}x = \mathrm{e}^{3x} + C$$

根据例 4.1 第一类换元公式求不定积分可分以下步骤:

(1) 将被积函数中的简单因子凑成复合函数中间变量的微分;

(2) 引入中间变量作换元;

(3) 利用根本积分公式计算不定积分;

(4) 变量复原.

显然最重要的是第一步——凑微分,所以第一类换元积分法通常也称为凑微分法.

例 4.14   求 $\int (4x+5)^{99} \mathrm{d}x$.

解   被积函数 $(4x+5)^{99}$ 是复合函数,中间变量 $u=4x+5$, $(4x+5)'=4$,这里缺少了中间变量 u 的导数 4,可以通过改变系数凑出这个因子:

$$\int (4x+5)^{99} \mathrm{d}x = \int \frac{1}{4} \cdot (4x+5)^{99} \cdot (4x+5)' \mathrm{d}x = \frac{1}{4} \int (4x+5)^{99} \mathrm{d}(4x+5)$$

$$= \frac{1}{4} \int u^{99} \mathrm{d}u = \frac{1}{4} \cdot \frac{u^{100}}{100} + C = \frac{(4x+5)^{100}}{400} + C$$

例 4.15   求 $\int \frac{x}{x^2+a^2} \mathrm{d}x$.

解 $\frac{1}{x^2+a^2}$ 为复合函数, $u = x^2+a^2$ 是中间变量,且 $(x^2+a^2)'=2x$,

$$\int \frac{x}{x^2+a^2} \mathrm{d}x = \frac{1}{2} \int \frac{1}{x^2+a^2} \cdot (x^2+a^2)' \mathrm{d}x = \frac{1}{2} \int \frac{1}{x^2+a^2} \mathrm{d}(x^2+a^2)$$

$$= \frac{1}{2} \int \frac{1}{u} \mathrm{d}u = \frac{1}{2} \ln|u| + C = \frac{1}{2} \ln(x^2+a^2) + C$$

对第一类换元法熟悉后,可以把整个过程简化为两步完成.

例 4.16   求 $\int x \sqrt{1-x^2} \mathrm{d}x$.

解 $\int x \sqrt{1-x^2} \mathrm{d}x = -\frac{1}{2} \int \sqrt{1-x^2} \mathrm{d}(1-x^2) = -\frac{1}{3} (1-x^2)^{\frac{3}{2}} + C$.

注   如果被积表达式中出现 $f(ax+b)\mathrm{d}x$, $f(x^m) \cdot x^{m-1} \mathrm{d}x$,通常作如下相应的凑微分:

$$f(ax+b)\mathrm{d}x = \frac{1}{a} f(ax+b) \mathrm{d}(ax+b)$$

$$f(ax^n+b)x^{n-1}\mathrm{d}x = \frac{1}{a} \cdot \frac{1}{n} f(ax^n+b) \mathrm{d}(ax^n+b)$$

例 4.17   求 $\int \frac{1}{x(1+2\ln x)} \mathrm{d}x$.

解   因为 $\frac{1}{x}\mathrm{d}x = \mathrm{d}\ln x$,亦即 $\frac{1}{x}\mathrm{d}x = \frac{1}{2}\mathrm{d}(1+2\ln x)$,所以

$$\int \frac{1}{x(1+2\ln x)} \mathrm{d}x = \int \frac{1}{1+2\ln x} \mathrm{d}\ln x = \frac{1}{2} \int \frac{1}{1+2\ln x} \mathrm{d}(1+2\ln x)$$

$$= \frac{1}{2} \ln|1+2\ln x| + C$$

例 4.18 求 $\int \frac{2^{\arctan x}}{1 + x^2} \mathrm{d}x$.

解 因为 $\frac{1}{1 + x^2} \mathrm{d}x = \mathrm{d}\arctan x$, 所以

$$\int \frac{2^{\arctan x}}{1 + x^2} \mathrm{d}x = \int 2^{\arctan x} \mathrm{d}\arctan x = \frac{2^{\arctan x}}{\ln 2} + C$$

例 4.19 求 $\int \frac{\sin \sqrt{x}}{2\sqrt{x}} \mathrm{d}x$.

解 因为 $\frac{1}{2\sqrt{x}} \mathrm{d}x = \mathrm{d}\sqrt{x}$, 所以

$$\int \frac{\sin \sqrt{x}}{2\sqrt{x}} \mathrm{d}x = \int \sin \sqrt{x} \mathrm{d}\sqrt{x} = -\cos \sqrt{x} + C$$

下面是根据根本微分公式推导出的常用的凑微分公式:

(1) $\frac{1}{\sqrt{x}} \mathrm{d}x = 2\mathrm{d}\sqrt{x}$;

(2) $\frac{1}{x^2} \mathrm{d}x = -\mathrm{d}\frac{1}{x}$;

(3) $\frac{1}{x} \mathrm{d}x = \mathrm{d}\ln|x|$;

(4) $\mathrm{e}^x \mathrm{d}x = \mathrm{d}\mathrm{e}^x$;

(5) $\cos x \mathrm{d}x = \mathrm{d}\sin x$;

(6) $\sin x \mathrm{d}x = -\mathrm{d}\cos x$;

(7) $\frac{1}{\cos^2 x} \mathrm{d}x = \sec^2 x \mathrm{d}x = \mathrm{d}\tan x$;

(8) $\frac{1}{\sin^2 x} \mathrm{d}x = -\csc^2 x \mathrm{d}x = -\mathrm{d}\cot x$;

(9) $\frac{1}{\sqrt{1 - x^2}} \mathrm{d}x = \mathrm{d}(\arcsin x) = -\mathrm{d}(\arccos x)$;

(10) $8\frac{1}{1 + x^2} \mathrm{d}x = \mathrm{d}(\arctan x) = -\mathrm{d}(\operatorname{arccot} x)$.

在积分的运算中, 被积函数有时还需要作适当的代数式或三角函数式的恒等变形后, 再用凑微分法求不定积分.

例 4.20 求 $\int \frac{1}{a^2 + x^2} \mathrm{d}x$.

解 将函数变形 $\frac{1}{a^2 + x^2} = \frac{1}{a^2} \cdot \frac{1}{1 + \left(\frac{x}{a}\right)^2}$, 由 $\mathrm{d}x = a\mathrm{d}\frac{x}{a}$, 所以得到

$$\int \frac{1}{a^2 + x^2} \mathrm{d}x = \frac{1}{a} \int \frac{1}{1 + \left(\frac{x}{a}\right)^2} \mathrm{d}\frac{x}{a} = \frac{1}{a} \arctan \frac{x}{a} + C$$

例 4. 21 求 $\int \dfrac{1}{\sqrt{a^2 - x^2}} \mathrm{d}x$.

解 $\int \dfrac{1}{\sqrt{a^2 - x^2}} \mathrm{d}x = \dfrac{1}{a} \int \dfrac{1}{\sqrt{1 - \left(\dfrac{x}{a}\right)^2}} \mathrm{d}x = \int \dfrac{1}{\sqrt{1 - \left(\dfrac{x}{a}\right)^2}} \mathrm{d}\left(\dfrac{x}{a}\right)$

$$= \arcsin \dfrac{x}{a} + C.$$

例 4. 22 求 $\int \tan x \mathrm{d}x$.

解 $\int \tan x \mathrm{d}x = \int \dfrac{\sin x \mathrm{d}x}{\cos x} = \int \dfrac{-\mathrm{d}\cos x}{\cos x} = -\ln|\cos x| + C.$

同理,我们可以推得 $\int \cot x \mathrm{d}x = \ln|\sin x| + C.$

例 4. 23 求 $\int \sin^3 x \mathrm{d}x$.

解 $\int \sin^3 x \mathrm{d}x = \int \sin^2 x \sin x \mathrm{d}x = -\int \sin^2 x \mathrm{d}\cos x = -\int (1 - \cos^2 x) \mathrm{d}\cos x$

$$= -\cos x + \dfrac{1}{3} \cos^3 x + C.$$

例 4. 24 求 $\int \sin^2 x \cos^3 x \mathrm{d}x$.

解 $\int \sin^2 x \cos^3 x \mathrm{d}x = \int \sin^2 x \cos^2 x \cos x \mathrm{d}x = \int \sin^2 x \cos^2 x \mathrm{d}\sin x$

$$= \int \sin^2 x (1 - \sin^2 x) \mathrm{d}\sin x = \int (\sin^2 x - \sin^4 x) \mathrm{d}\sin x$$

$$= \dfrac{1}{3} \sin^3 x - \dfrac{1}{5} \sin^5 x + C.$$

例 4. 25 求 $\int \sin^2 x \mathrm{d}x$.

解 $\int \sin^2 x \mathrm{d}x = \int \dfrac{1 - \cos 2x}{2} \mathrm{d}x = \dfrac{1}{2} x - \dfrac{1}{4} \sin 2x + C.$

例 4. 26 求 $\int \sec x \mathrm{d}x$.

解 $\int \sec x \mathrm{d}x = \int \dfrac{1}{\cos x} \mathrm{d}x = \int \cos^{-1} x \mathrm{d}x = \int \cos^{-2} x \mathrm{d}\sin x = \int \dfrac{1}{1 - \sin^2 x} \mathrm{d}\sin x$

$$= \dfrac{1}{2} \ln \left| \dfrac{\sin x + 1}{\sin x - 1} \right| + C = \ln|\sec x + \tan x| + C.$$

同理,我们可以推得 $\int \csc x \mathrm{d}x = -\ln|\csc x - \cot x| + C.$

注 对形如 $\int \sin^m x \cos^n x \mathrm{d}x$ 的积分,如果 m, n 中有奇数,取奇次幂的底数(如 n 是奇数,那么取 $\cos x$)与 $\mathrm{d}x$ 凑微分,那么被积函数一定能够变形为关于另一个底数的多项式函数,从而可以顺利地计算出不定积分;如果 m, n 均为偶数,那么利用倍角(半角)公式降幂,直至将三角函数降为一次幂,再逐项积分.

例 4. 27 求 $\int \sin 2x \cos 3x \mathrm{d}x$.

解 $\int \sin 2x \cos 3x \, \mathrm{d}x = \frac{1}{2}\int \sin 5x \, \mathrm{d}x - \frac{1}{2}\int \sin x \, \mathrm{d}x = -\frac{1}{10}\cos 5x + \frac{1}{2}\cos x + C$

$$= \frac{1}{2}\cos x - \frac{1}{10}\cos 5x + C.$$

一般地,对于形如以下形式:

$$\int \sin mx \cos nx \, \mathrm{d}x$$

$$\int \sin mx \sin nx \, \mathrm{d}x$$

$$\int \cos mx \cos nx \, \mathrm{d}x$$

的积分$(m \neq n)$,先将被积函数用三角函数积化和差公式进行恒等变形后,再逐项积分.

例 4.28　求 $\int \dfrac{1}{x^2 - a^2} \mathrm{d}x$.

解　因为 $\dfrac{1}{x^2 - a^2} = \dfrac{1}{(x-a)(x+a)} = \dfrac{1}{2a}\left(\dfrac{1}{x-a} - \dfrac{1}{x+a}\right)$,所以

$$\int \frac{1}{x^2 - a^2} \mathrm{d}x = \frac{1}{2a}\int \left(\frac{1}{x-a} - \frac{1}{x+a}\right)\mathrm{d}x = \frac{1}{2a}\left(\int \frac{1}{x-a}\mathrm{d}x - \int \frac{1}{x+a}\mathrm{d}x\right)$$

$$= \frac{1}{2a}\left(\int \frac{1}{x-a}\mathrm{d}(x-a) - \int \frac{1}{x+a}\mathrm{d}(x+a)\right)$$

$$= \frac{1}{2a}(\ln|x-a| - \ln|x+a|) + C = \frac{1}{2a}\ln\left|\frac{x-a}{x+a}\right| + C$$

这是一个有理函数(形如 $\dfrac{P(x)}{Q(x)}$ 的函数称为有理函数,$P(x)$,$Q(x)$ 均为多项式)的积分,将有理函数分解成更简单的局部分式的形式,然后逐项积分,是这种函数常用的变形方法.下面再举几个被积函数为有理函数的例子.

例 4.29　求 $\int \dfrac{x+3}{x^2 - 5x + 6} \mathrm{d}x$.

解　先将有理真分式的分母 $x^2 - 5x + 6$ 因式分解,得 $x^2 - 5x + 6 = (x-2)(x-3)$.然后利用待定系数法将被积函数进行分拆.

设

$$\frac{x+3}{x^2 - 5x + 6} = \frac{A}{x-2} + \frac{B}{x-3} = \frac{A(x-3) + B(x-2)}{(x-2)(x-3)}$$

从而

$$x + 3 = A(x-3) + B(x-2)$$

分别将 $x = 3$,$x = 2$ 代入 $x + 3 = A(x-3) + B(x-2)$ 中,易得 $\begin{cases} A = -5 \\ B = 6 \end{cases}$.

故原式 $= \int \left(\dfrac{-5}{x-2} + \dfrac{6}{x-3}\right)\mathrm{d}x = -5\ln|x-2| + 6\ln|x-3| + C$.

例 4.30　求 $\int \dfrac{3}{x^3 + 1} \mathrm{d}x$.

解　由 $x^3 + 1 = (x+1)(x^2 - x + 1)$,令

$$\frac{3}{x^3 + 1} = \frac{A}{x + 1} + \frac{Bx + C}{x^2 - x + 1}$$

两边同乘以 $x^3 + 1$,得

$$3 = A(x^2 - x + 1) + (Bx + C)(x + 1)$$

令 $x = -1$,得 $A = 1$;令 $x = 0$,得 $C = 2$;令 $x = 1$,得 $B = -1$. 所以

$$\frac{3}{x^3 + 1} = \frac{1}{x + 1} + \frac{-x + 2}{x^2 - x + 1}$$

故

$$\int \frac{3}{x^3 + 1} dx = \int \left(\frac{1}{x + 1} + \frac{-x + 2}{x^2 - x + 1} \right) dx = \ln|x + 1| - \frac{1}{2} \int \frac{2x - 1 - 3}{x^2 - x + 1} dx$$

$$= \ln|x + 1| - \frac{1}{2} \int \frac{d(x^2 - x + 1)}{x^2 - x + 1} + \frac{3}{2} \int \frac{d\left(x - \frac{1}{2}\right)}{\left(x - \frac{1}{2}\right)^2 + \frac{3}{4}}$$

$$= \ln|x + 1| - \frac{1}{2} \ln(x^2 - x + 1) + \sqrt{3} \arctan \frac{2x - 1}{\sqrt{3}} + C$$

2. 第二类换元积分方法

定理 4.4   设 $x = \psi(t)$ 是单调可导的函数,并且 $\psi'(t) \neq 0$,又设 $f[\psi(t)]\psi'(t)$ 具有原函数,那么有换元公式

$$\int f(x) dx = \left[\int f[\psi(t)]\psi'(t) dt \right]_{t = \psi^{-1}(x)}$$

其中,$\psi^{-1}(x)$ 是 $x = \psi(t)$ 的反函数.

证明   设 $f[\psi(t)]\psi'(t)$ 的原函数为 $f(t)$. 记 $f[\psi^{-1}(x)] = F(x)$,利用复合函数及反函数求导法得

$$F'(x) = \frac{df}{dt} \cdot \frac{dt}{dx} = f[\psi(t)]\psi'(t) \cdot \frac{1}{\psi'(t)} = f[\psi(t)] = f(x)$$

那么 $F(x)$ 是 $f(x)$ 的原函数. 所以

$$\int f(x) dx = F(x) + C = f[\psi^{-1}(x)] + C = \left[\int f[\psi(t)]\psi'(x) dt \right]_{t = \psi^{-1}(x)}$$

利用第二类换元法进行积分,重要的是找到恰当的函数 $x = \psi(t)$ 代入到被积函数中,将被积函数化简成较容易的积分,并且在求出原函数后将 $t = \psi^{-1}(x)$ 复原. 常用的换元法主要有三角函数代换法、简单无理函数代换法、倒代换法和指数代换法.

(1) 三角函数代换法

例 4.31   求 $\displaystyle\int \sqrt{a^2 - x^2} dx \, (a > 0)$.

解   令 $x = a\sin t \left(t \in \left(-\frac{\pi}{2}, \frac{\pi}{2} \right) \right)$,$\sqrt{a^2 - x^2} = a\cos t$,则 $dx = a\cos t \, dt$,于是

$$\int \sqrt{a^2 - x^2} dx = \int a\cos t \cdot a\cos t \, dt = a^2 \int \cos^2 t \, dt = \frac{a^2}{2} t + \frac{a^2}{2} \sin t \cos t + C$$

因为 $x = a\sin t \left(t \in \left(-\frac{\pi}{2}, \frac{\pi}{2} \right) \right)$,所以 $t = \arcsin \frac{x}{a}$,为求出 $\cos t$,利用 $\sin t = \frac{x}{a}$ 作辅助

三角形(图 4.2),求得 $\cos t = \dfrac{\sqrt{a^2 - x^2}}{a}$,所以

$$\int \sqrt{a^2 - x^2}\,dx = \int \sqrt{a^2 - x^2}\,dx = \frac{a^2}{2}\arcsin\frac{x}{a} + \frac{1}{2}x\sqrt{a^2 - x^2} + C$$

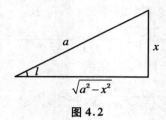

图 4.2

例 4.32　求 $\displaystyle\int \frac{dx}{\sqrt{x^2 + a^2}}\,(a > 0)$.

解　令 $x = a\tan t\left(t \in \left(-\dfrac{\pi}{2}, \dfrac{\pi}{2}\right)\right)$,则 $dx = a\sec^2 t\,dt$,于是

$$\int \frac{dx}{\sqrt{x^2 + a^2}} = \int \frac{1}{a}\cos t \cdot a\sec^2 t\,dt = \int \sec t\,dt = \ln|\sec t + \tan t| + C$$

利用 $\tan t = \dfrac{x}{a}$ 作辅助三角形(图 4.3),求得 $\sec t = \dfrac{\sqrt{x^2 + a^2}}{a}\left(t \in \left(-\dfrac{\pi}{2}, \dfrac{\pi}{2}\right)\right)$,所以

$$\int \frac{dx}{\sqrt{x^2 + a^2}} = \ln\left(\frac{x}{a} + \frac{\sqrt{x^2 + a^2}}{a}\right) + c = \ln(x + \sqrt{x^2 + a^2}) + C_1$$

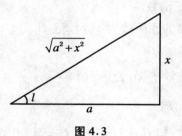

图 4.3

例 4.33　求 $\displaystyle\int \frac{dx}{\sqrt{x^2 - a^2}}\,(a > 0)$.

解　当 $x > a$ 时,令 $x = a\sec t\left(t \in \left(0, \dfrac{\pi}{2}\right)\right)$,则 $dx = a\sec t \cdot \tan t\,dt$,于是

$$\int \frac{dx}{\sqrt{x^2 - a^2}} = \int \frac{1}{a} \cdot \cot t \cdot a\sec t \cdot \tan t\,dt = \int \sec t\,dt = \ln|\sec t + \tan t| + C_1$$

利用 $\cos t = \dfrac{a}{x}$ 作辅助三角形(图 4.4),求得 $\tan t = \dfrac{\sqrt{x^2 - a^2}}{a}$,所以

$$\int \frac{dx}{\sqrt{x^2 - a^2}} = \ln\left|\frac{x}{a} + \frac{\sqrt{x^2 - a^2}}{a}\right| + C_1 = \ln(x + \sqrt{x^2 - a^2}) + C \quad (C = C_1 - \ln a)$$

当 $x < -a$ 时,令 $x = -u$ 那么 $u > a$,由上面的结果,得

$$\int \frac{\mathrm{d}x}{\sqrt{x^2 - a^2}} = -\int \frac{\mathrm{d}u}{\sqrt{u^2 - a^2}} = \ln(u + \sqrt{u^2 - a^2}) + C_1 = -\ln(-x + \sqrt{x^2 - a^2}) + C_1$$

$$= (-x - \sqrt{x^2 - a^2}) + C, (C = C_1 - 2\ln a)$$

综上,

$$\int \frac{\mathrm{d}x}{\sqrt{x^2 - a^2}} = \ln \left| x + \sqrt{x^2 - a^2} \right| + C$$

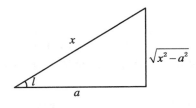

图 4.4

注 当被积函数含有形如 $\sqrt{a^2 - x^2}$, $\sqrt{a^2 + x^2}$, $\sqrt{x^2 - a^2}$ 的二次根式时,可以作相应的换元: $x = a\sin t$, $x = a\tan t$, $x = \pm a\sec t$ 将根号化去. 但是具体解题时,要根据被积函数的具体情况,选取尽可能简捷的代换,不能只局限于以上三种代换.

(2) 简单无理函数代换法

例 4.34 求 $\int \frac{\mathrm{d}x}{1 + \sqrt{2x}}$.

解 令 $u = \sqrt{2x}$, $x = \frac{u^2}{2}$,则 $\mathrm{d}x = u\mathrm{d}u$,于是

$$\int \frac{\mathrm{d}x}{1 + \sqrt{2x}} = \int \frac{u\mathrm{d}u}{1 + u} = \int \left(1 - \frac{1}{1 + u}\right)\mathrm{d}u = u - \ln|1 + u| + C$$

$$= \sqrt{2x} - \ln(1 + \sqrt{2x}) + C$$

例 4.35 求 $\int \frac{\mathrm{d}x}{(1 + \sqrt[3]{x})\sqrt{x}}$.

解 被积函数中出现了两个不同的根式,为了同时消去这两个根式,可以作如下代换:

令 $t = \sqrt[6]{x}$,那么 $x = t^6$,则 $\mathrm{d}x = 6t^5\mathrm{d}t$,从而

$$\int \frac{\mathrm{d}x}{(1 + \sqrt[3]{x})\sqrt{x}} = \int \frac{6t^5}{(1 + t^2)t^3}\mathrm{d}t = 6\int \frac{t^2}{1 + t^2}\mathrm{d}t = 6\int \left(1 - \frac{1}{1 + t^2}\right)\mathrm{d}t$$

$$= 6(t - \arctan t) + C = 6(\sqrt[6]{x} - \arctan \sqrt[6]{x}) + C$$

例 4.36 求 $\int \frac{1}{x^2} \sqrt{\frac{1 + x}{x}}\mathrm{d}x$.

解 为了去掉根式,作如下代换: $t = \sqrt{\frac{1 + x}{x}}$,那么 $x = \frac{1}{t^2 - 1}$,则 $\mathrm{d}x = -\frac{2t}{(t^2 - 1)^2}\mathrm{d}t$,从而

$$\int \frac{1}{x^2} \sqrt{\frac{1 + x}{x}}\mathrm{d}x = \int (t^2 - 1)^2 t \cdot \frac{-2t}{(t^2 - 1)^2}\mathrm{d}t = -2\int t^2\mathrm{d}t$$

$$= -\frac{2}{3}t^3 + C = -\frac{2}{3}\left(\frac{1+x}{x}\right)^{\frac{3}{2}} + C$$

一般地,如果积分具有如下形式:

(1) $\int R(x, \sqrt[n]{ax+b})\mathrm{d}x$,那么作变换 $t = \sqrt[n]{ax+b}$;

(2) $\int R(x, \sqrt[n]{ax+b}, \sqrt[m]{ax+b})\mathrm{d}x$,那么作变换 $t = \sqrt[p]{ax+b}$,其中 p 是 m, n 的最小公倍数;

(3) $\int R(x, \sqrt[n]{\dfrac{ax+b}{cx+d}})\mathrm{d}x$,那么作变换 $t = \sqrt[n]{\dfrac{ax+b}{cx+d}}$.

运用这些变换就可以将被积函数中的根数去掉,被积函数就化为有理函数.

(3) 倒代换法

在被积函数中如果出现分式函数,而且分母的次数大于分子的次数,可以尝试利用倒代换,即令 $x = \dfrac{1}{t}$,利用此代换,常常可以消去被积函数中分母中的变量因子 x.

例 4.37 求 $\int \dfrac{\mathrm{d}x}{x(x^6+1)}$.

解 令 $x = \dfrac{1}{t}$,则 $\mathrm{d}x = -\dfrac{1}{t^2}\mathrm{d}t$,于是

$$\int \frac{\mathrm{d}x}{x(x^6+1)} = \int \frac{-\dfrac{1}{t^2}\mathrm{d}t}{\dfrac{1}{t}\cdot\left(\dfrac{1}{t^6}+1\right)} = -\int \frac{t^5}{1+t^6}\mathrm{d}t = -\frac{1}{6}\int \frac{\mathrm{d}(t^6+1)}{1+t^6} = -\frac{1}{6}\ln|1+t^6| + C$$

$$= -\frac{1}{6}\ln\left(1+\frac{1}{x^6}\right) + C$$

例 4.38 求 $\int \dfrac{\sqrt{a^2-x^2}}{x^4}\mathrm{d}x$.

解 令 $x = \dfrac{1}{t}$,则 $\mathrm{d}x = -\dfrac{1}{t^2}\mathrm{d}t$,于是

$$\int \frac{\sqrt{a^2-x^2}}{x^4}\mathrm{d}x = \int \frac{\sqrt{a^2-\dfrac{1}{t^2}}}{\dfrac{1}{t^4}}\left(-\frac{1}{t^2}\right)\mathrm{d}t = -\int (a^2t^2-1)^{\frac{1}{2}}|t|\,\mathrm{d}t$$

当 $x > 0$ 时,有

$$\int \frac{\sqrt{a^2-x^2}}{x^4}\mathrm{d}x = -\frac{1}{2a^2}\int (a^2t^2-1)^{\frac{1}{2}}\mathrm{d}(a^2t^2-1) = -\frac{(a^2-x^2)^{\frac{3}{2}}}{3a^2x^3} + C$$

$x < 0$ 时,结果相同.

本例也可用三角代换法,请读者自行求解.

(4) 指数代换法

例 4.39 求 $\int \dfrac{\mathrm{d}x}{\mathrm{e}^x(\mathrm{e}^{2x}+1)}$.

解 令 $\mathrm{e}^x = t$,则 $\mathrm{d}x = \dfrac{1}{t}\mathrm{d}t$,于是

$$\int \frac{\mathrm{d}x}{\mathrm{e}^x\,(\mathrm{e}^{2x}+1)} = \int \frac{1}{t^2(1+t^2)}\mathrm{d}t$$

$$= \int\left(\frac{1}{t^2} - \frac{1}{1+t^2}\right)\mathrm{d}t = -\frac{1}{t} - \arctan t + C = -\mathrm{e}^{-x} - \arctan \mathrm{e}^{-x} + C$$

注 本节例题中,有些积分会经常遇到,通常也被当作公式使用. 承接上一节的根本积分公式,将常用的积分公式再添加几个($a>0$):

(1) $\displaystyle\int \tan x\,\mathrm{d}x = -\ln|\cos x| + C$;

(2) $\displaystyle\int \cot x\,\mathrm{d}x = \ln|\sin x| + C$;

(3) $\displaystyle\int \csc x\,\mathrm{d}x = \ln|\csc x - \cot x| + C$;

(4) $\displaystyle\int \sec x\,\mathrm{d}x = \ln|\sec x + \tan x| + C$;

(5) $\displaystyle\int \frac{1}{a^2 + x^2}\mathrm{d}x = \frac{1}{a}\arctan \frac{x}{a} + C$;

(6) $\displaystyle\int \frac{1}{x^2 - a^2}\mathrm{d}x = \frac{1}{2a}\ln\left|\frac{x-a}{x+a}\right| + C$;

(7) $\displaystyle\int \frac{1}{\sqrt{a^2 - x^2}}\mathrm{d}x = \arcsin \frac{x}{a} + C\,(a>0)$;

(8) $\displaystyle\int \frac{\mathrm{d}x}{\sqrt{x^2 + a^2}} = \ln(x + \sqrt{x^2 + a^2}) + C$;

(9) $\displaystyle\int \frac{\mathrm{d}x}{\sqrt{x^2 - a^2}} = \ln\left|x + \sqrt{x^2 - a^2}\right| + C$.

例 4.40 求 $\displaystyle\int \frac{\mathrm{d}x}{\sqrt{5 + 4x - x^2}}$.

解 $\displaystyle\int \frac{\mathrm{d}x}{\sqrt{5 + 4x - x^2}} = \int \frac{\mathrm{d}(x-2)}{\sqrt{3^2 - (x-2)^2}} = \arcsin \frac{x-2}{3} + C$.

例 4.41 求 $\displaystyle\int \frac{\mathrm{d}x}{\sqrt{4x^2 + 9}}$.

解 $\displaystyle\int \frac{\mathrm{d}x}{\sqrt{4x^2 + 9}} = \frac{1}{2}\int \frac{\mathrm{d}2x}{\sqrt{(2x)^2 + 3^2}} = \frac{1}{2}\ln(2x + \sqrt{4x^2 + 9}) + C$.

例 4.42 求 $\displaystyle\int \frac{\mathrm{d}x}{\sqrt{x^2 - 2x - 3}}$.

解 $\displaystyle\int \frac{\mathrm{d}x}{\sqrt{x^2 - 2x - 3}} = \int \frac{\mathrm{d}(x-1)}{\sqrt{(x-1)^2 - 2^2}} = \ln\left|x - 1 + \sqrt{x^2 - 2x - 3}\right| + C$.

例 4.43 求 $\displaystyle\int \frac{x^3}{(x^2 - 2x + 2)^2}\mathrm{d}x$.

解 被积函数为有理函数,且分母为二次质因式的平方,把二次质因式进行配方:

$(x-1)^2 + 1$,令 $x - 1 = \tan t\left(t \in \left(-\frac{\pi}{2}, \frac{\pi}{2}\right)\right)$,那么

$$x^2 - 2x + 2 = \sec^2 t, \quad \mathrm{d}x = \sec^2 t\,\mathrm{d}t$$

所以

$$\int \frac{x^3}{(x^2 - 2x + 2)^2}dx = \int \frac{(1 + \tan t)^3}{\sec^4 t} \cdot \sec^2 t\,dt$$

$$= \int \cos^2 t\,(1 + \tan t)^3 dt = \int \frac{(\sin t + \cos t)^3}{\cos t}dt$$

$$= \int (\sin^3 t \cos^{-1} t + 3 \sin^2 t + 3\sin t \cos t + \cos^2 t)dt$$

$$= -\ln\cos t - \cos^2 t + 2t - \sin t \cos t + C$$

按照变换 $x - 1 = \tan t \left(t \in \left(-\frac{\pi}{2}, \frac{\pi}{2} \right) \right)$ 作辅助三角形(图 4.5),那么有

$$\cos t = \frac{1}{\sqrt{x^2 - 2x + 2}}, \quad \sin t = \frac{x - 1}{\sqrt{x^2 - 2x + 2}}$$

于是

$$\int \frac{x^3}{(x^2 - 2x + 2)^2}dx = \frac{1}{2}\ln(x^2 - 2x + 2) + 2\arctan(x - 1) - \frac{x}{x^2 - 2x + 2} + C$$

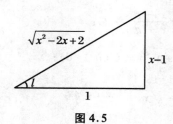

图 4.5

4.2.2 分部积分法

前面我们得到了换元积分法. 现在我们介绍利用"两个函数乘积的求导法"来推导求积分的另一种根本方法——分部积分法.

定理 4.5 设函数 $u = u(x)$,$v = v(x)$具有连续的导数,那么

$$\int u\,dv = uv - \int v\,du$$

证明 微分公式 $d(uv) = u\,dv - v\,du$ 两边积分得

$$uv = \int u\,dv - \int v\,du$$

移项后得

$$\int u\,dv = uv - \int v\,du$$

我们把定理 4.5 称为**分部积分公式**. 它可以将不易求解的不定积分 $\int u\,dv$ 转化成另一个易于求解的不定积分 $\int v\,du$.

例 4.44 求 $\int x\cos x\,dx$.

解 根据分部积分公式,首先要选择 u 和 dv,显然有两种方式,我们不妨先设 $u = x$,

$\cos x \mathrm{d}x = \mathrm{d}v$,即 $v = \sin x$,那么

$$\int x \cos \mathrm{d}x = \int x \mathrm{d}\sin x = x \sin x - \int \sin x \mathrm{d}x = x \sin x + \cos x + C$$

采用这种选择方式,积分很顺利地被积出,但是如果做如下的选择:

设 $u = \cos x, x \mathrm{d}x = \mathrm{d}v$,即 $v = \dfrac{1}{2}x^2$,那么

$$\int x \cos x \mathrm{d}x = \frac{1}{2}\int \cos x \mathrm{d}x^2 = \frac{1}{2}x^2 \cos x - \frac{1}{2}\int x^2 \sin x \mathrm{d}x$$

比较原积分 $\int x \cos x \mathrm{d}x$ 与新得到的积分 $\dfrac{1}{2}\int x^2 \sin x \mathrm{d}x$,显然后面的积分更加复杂、难以解出.

由此可见利用分部积分公式的关键是恰当地选择 u 和 $\mathrm{d}v$.如果选择不当,就会使原来的积分变得更加复杂.

在选取 u 和 $\mathrm{d}v$ 时一般考虑下面两点:

(1) v 要容易求得;

(2) $\int v \mathrm{d}u$ 要比 $\int u \mathrm{d}v$ 容易求出.

例 4.45 求 $\int x \mathrm{e}^x \mathrm{d}x$.

解 令 $u = x, \mathrm{e}^x \mathrm{d}x = \mathrm{d}v, v = \mathrm{e}^x$,那么

$$\int x \mathrm{e}^x \mathrm{d}x = \int x \, \mathrm{d}\mathrm{e}^x = x \mathrm{e}^x - \int \mathrm{e}^x \mathrm{d}x = x \mathrm{e}^x - \mathrm{e}^x + C$$

例 4.46 求 $\int x^2 \mathrm{e}^x \mathrm{d}x$.

解 令 $u = x^2, \mathrm{e}^x \mathrm{d}x = \mathrm{d}v, v = \mathrm{e}^x$,那么利用分部积分公式得

$$\int x^2 \mathrm{e}^x \mathrm{d}x = \int x^2 \, \mathrm{d}\mathrm{e}^x = x^2 \mathrm{e}^x - \int \mathrm{e}^x \mathrm{d}x^2 = x^2 \mathrm{e}^x - 2\int x \mathrm{e}^x \mathrm{d}x$$

这里运用了一次分部积分公式后,虽然没有直接将积分积出,但是 x 的幂次比原来降了一次,$\int x \mathrm{e}^x \mathrm{d}x$ 显然比 $\int x^2 \mathrm{e}^x \mathrm{d}x$ 容易积出,我们可以继续运用分部积分公式,从而得到

$$\int x^2 \mathrm{e}^x \mathrm{d}x = x^2 \mathrm{e}^x - 2\int x \mathrm{e}^x \mathrm{d}x = x^2 \mathrm{e}^x - 2\int x \, \mathrm{d}\mathrm{e}^x$$
$$= x^2 \mathrm{e}^x - 2(x \mathrm{e}^x - \mathrm{e}^x) + C$$
$$= \mathrm{e}^x(x^2 - 2x + 2) + C$$

注 当被积函数是幂函数与正(余)弦或指数函数的乘积时,幂函数在 d 的前面,正(余)弦或指数函数在 d 的后面.

例 4.47 求 $\int x \ln x \mathrm{d}x$.

解 令 $u = \ln x, x \mathrm{d}x = \dfrac{1}{2}\mathrm{d}x^2, v = \dfrac{1}{2}x^2$,那么

$$\int x \ln x \mathrm{d}x = \int \frac{1}{2}\ln x \mathrm{d}x^2 = \frac{1}{2}\left(x^2 \ln x - \int x^2 \cdot \frac{1}{x}\mathrm{d}x\right) = \frac{1}{2}\left(x^2 \ln x - \frac{1}{2}x^2\right) + C$$

$$= \frac{x^2 \ln x}{2} - \frac{1}{4}x^2 + C$$

在分部积分公式运用比较熟练后,就不必具体写出 u 和 dv,只要把被积表达式写成 $\int u\,dv$ 的形式,直接套用分部积分公式即可.

例 4.48 求 $\int x\arctan x\,dx$.

解 $\int x\arctan x\,dx = \frac{1}{2}\int \arctan x\,dx^2 = \frac{1}{2}\left(x^2\arctan x - \int \frac{x^2}{1+x^2}\,dx\right)$

$$= \frac{1}{2}(x^2\arctan x - x + \arctan x) + C.$$

注 当被积函数是幂函数与对数函数或反三角函数的乘积时,对数函数或反三角函数在 d 的前面,幂函数在 d 的后面.

下面再来举几个比较典型的分部积分的例子.

例 4.49 求 $\int e^x \sin x\,dx$.

解(方法 1) $\int e^x \sin x\,dx = \int \sin x\,de^x = e^x\sin x - \int e^x\cos x\,dx$

$$= e^x\sin x - \int \cos x\,de^x$$

$$= e^x\sin x - e^x\cos x - \int e^x\sin x\,dx.$$

所以 $\int e^x\sin x\,dx = \frac{1}{2}e^x(\sin x - \cos x) + C$.

(方法 2) $\int e^x\sin x\,dx = \int e^x d(-\cos x) = e^x(-\cos x) + \int \cos x\,d(e^x)$

$$= -e^x\cos x + \int \cos x\,e^x\,dx = -e^x\cos x + \int e^x\,d\sin x$$

$$= -e^x\cos x + e^x\sin x - \int \sin x\,de^x$$

$$= -e^x\cos x + e^x\sin x - \int e^x\sin x\,dx.$$

所以 $\int e^x\sin x\,dx = \frac{1}{2}e^x(\sin x - \cos x) + C$.

当被积函数是指数函数与正(余)弦函数的乘积时,任选一种函数凑微分,经过两次分部积分后,会复原到原来的积分形式,只是系数发生了变化,我们往往称它为"循环法",但要注意两次凑微分函数的选择要一致.

例 4.50 求 $\int \sec^3 x\,dx$.

解 $\int \sec^3 x\,dx = \int \sec x\,d\tan x = \sec x \cdot \tan x - \int \sec x \cdot \tan^2 x\,dx$

$$= \sec x \cdot \tan x + \int \sec x\,dx - \int \sec^3 x\,dx.$$

利用 $\int \sec x\,dx = \ln|\sec x + \tan x| + C_1$ 并解方程得

$$\int \sec^3 x \mathrm{d}x = \frac{1}{2}(\sec x \cdot \tan x + \ln|\sec x + \tan x|) + C$$

在求不定积分的过程中,有时需要同时使用换元法和分部积分法.

例 4.51 求 $\displaystyle\int e^{\sqrt{x}} \mathrm{d}x$.

解 令 $t = \sqrt{x}, x = t^2$,则 $\mathrm{d}x = 2t\mathrm{d}t$,于是

$$\int e^{\sqrt{x}} \mathrm{d}x = \int e^t 2t\mathrm{d}t = \int 2t \mathrm{d}e^t = 2te^t - 2\int e^t \mathrm{d}t = 2te^t - 2e^t + C = 2\sqrt{x}e^{\sqrt{x}} - 2e^{\sqrt{x}} + C$$

例 4.52 求 $\displaystyle\int \cos(\ln x)\mathrm{d}x$.

解 令 $t = \ln x, x = e^t$,则 $\mathrm{d}x = e^t\mathrm{d}t$,于是

$$\int \cos(\ln x)\mathrm{d}x = \int \cos t \cdot e^t \mathrm{d}t = \frac{1}{2}e^t(\sin t + \cos t) + C = \frac{x}{2}(\sin \ln x + \cos \ln x) + C$$

下面再看一个抽象函数的例子.

例 4.53 $f(x)$ 的一个原函数是 $\dfrac{\sin x}{x}$,求 $\displaystyle\int xf'(x)\mathrm{d}x$.

解 因为 $f(x)$ 的一个原函数是 $\dfrac{\sin x}{x}$,所以 $\displaystyle\int f(x)\mathrm{d}x = \frac{\sin x}{x} + C$,且

$$f(x) = \left(\frac{\sin x}{x}\right)' = \frac{x\cos x - \sin x}{x^2}$$

从而

$$\text{原式} = \int xf'(x)\mathrm{d}x = \int x\mathrm{d}[f(x)] = xf(x) - \int f(x)\mathrm{d}x = \frac{x\cos x - 2\sin x}{x} + C$$

习 题 4.2

1. 求以下不定积分:

(1) $\displaystyle\int (2x-3)^{2014}\mathrm{d}x$;

(2) $\displaystyle\int \frac{3\mathrm{d}x}{(1-2x)^2}$;

(3) $\displaystyle\int (a+bx)^k \mathrm{d}x (b \neq 0)$;

(4) $\displaystyle\int \sin 3x\mathrm{d}x$;

(5) $\displaystyle\int \cos(\alpha - \beta x)\mathrm{d}x$;

(6) $\displaystyle\int \tan 5x\mathrm{d}x$;

(7) $\displaystyle\int e^{-3x}\mathrm{d}x$;

(8) $\displaystyle\int 10^{2x}\mathrm{d}x$;

(9) $\displaystyle\int \frac{1}{x^2}e^{\frac{1}{x}}\mathrm{d}x$;

(10) $\displaystyle\int \frac{\mathrm{d}x}{1+9x^2}$;

(11) $\displaystyle\int \frac{\mathrm{d}x}{\sin^2\left(2x+\dfrac{\pi}{4}\right)}$;

(12) $\displaystyle\int x\sqrt{1-x^2}\mathrm{d}x$;

(13) $\displaystyle\int \frac{(2x-3)\mathrm{d}x}{x^2-3x+8}$;

(14) $\displaystyle\int \frac{x\mathrm{d}x}{\sqrt{4-x^4}}$;

(15) $\int e^x \sin e^x dx$;

(16) $\int x e^{x^2} dx$;

(17) $\int \dfrac{\sqrt{\ln x}}{x} dx$;

(18) $\int \dfrac{\cot \theta}{\sqrt{\sin \theta}} d\theta$;

(19) $\int \dfrac{dx}{(\arcsin x)^2 \sqrt{1 - x^2}}$;

(20) $\int \dfrac{(\arctan x)^2}{1 + x^2} dx$;

(21) $\int \dfrac{x^2}{3 + x} dx$;

(22) $\int \dfrac{x - 1}{x^2 + 4x + 13} dx$;

(23) $\int \cos^2 x dx$;

(24) $\int \sin^4 x dx$;

(25) $\int \dfrac{1 + \tan x}{\sin 2x} dx$;

(26) $\int \cos^2 x \sin^2 x dx$;

(27) $\int \cos^3 x dx$;

(28) $\int \sin^3 x \cos^5 x dx$;

(29) $\int \sec^4 x dx$;

(30) $\int \tan^4 x dx$;

(31) $\int \dfrac{dx}{\sin^2 x \cos^2 x}$;

(32) $\int \dfrac{x^4 dx}{\sqrt{(1 - x^2)^3}}$;

(33) $\int \dfrac{dx}{x^2 \sqrt{x^2 - 9}}$;

(34) $\int \dfrac{dx}{(1 - x^2)^{\frac{3}{2}}}$;

(35) $\int \dfrac{x^3 dx}{(1 + x^2)^{\frac{3}{2}}}$;

(36) $\int \dfrac{x^2}{\sqrt{a^2 - x^2}} dx$;

(37) $\int \dfrac{dx}{(x^2 + a^2)^{\frac{3}{2}}}$;

(38) $\int \dfrac{\sqrt{x^2 - a^2}}{x} dx$;

(39) $\int \dfrac{dx}{x^2 \sqrt{1 + x^2}}$;

(40) $\int \dfrac{dx}{\sqrt{1 - 25x^2}}$;

(41) $\int \dfrac{dx}{\sqrt{1 + 16x^2}}$;

(42) $\int \dfrac{dx}{\sqrt{4x^2 - 9}}$;

(43) $\int \dfrac{x + 1}{\sqrt[3]{3x + 1}} dx$;

(44) $\int \dfrac{1}{\sqrt{1 + e^x}} dx$;

(45) $\int \dfrac{dx}{x^4 - x^2}$;

(46) $\int \dfrac{dx}{x(x^2 + 1)}$.

2. 求以下不定积分:

(1) $\int x \sin 2x dx$;

(2) $\int \dfrac{x}{2} (e^x - e^{-x}) dx$;

(3) $\int x^2 \cos \omega x dx$;

(4) $\int x^2 a^x dx$;

(5) $\int \ln x dx$;

(6) $\int x^n \ln x dx (n \neq 1)$;

(7) $\int \arctan x dx$;

(8) $\int \arccos x dx$;

(9) $\int e^{ax} \cos nx dx$;

(10) $\int x^2 \ln(1 + x) dx$;

(11) $\int \dfrac{\ln^3 x}{x^2} \mathrm{d}x$；

(12) $\int (\arcsin x)^2 \mathrm{d}x$；

(13) $\int x \cos^2 x \, \mathrm{d}x$；

(14) $\int x \tan^2 x \, \mathrm{d}x$；

(15) $\int x^2 \cos^2 x \, \mathrm{d}x$；

(16) $\int \dfrac{\ln \cos x}{\cos^2 x} \mathrm{d}x$；

(17) $\int \dfrac{\ln x}{x^3} \mathrm{d}x$；

(18) $\int \mathrm{e}^{\sqrt[3]{x}} \mathrm{d}x$.

3. $f(x)$ 的一个原函数是 e^{-x^2}，求 $\int x f'(x) \mathrm{d}x$.

4.3 有理函数的积分

4.3.1 有理函数的积分

1. 有理函数的形式

有理函数是指由两个多项式的商所表示的函数，即具有如下形式的函数：

$$\frac{P(x)}{Q(x)} = \frac{a_0 x^n + a_1 x^{n-1} + \cdots + a_{n-1} x + a_n}{b_0 x^m + b_1 x^{m-1} + \cdots + b_{m-1} x + b_m}$$

其中，m 和 n 都是非负整数 $a_0, a_1, a_2, \cdots, a_n$ 及 $b_0, b_1, b_2, \cdots, b_m$ 都是实数，并且 $a_0 \neq 0$，$b_0 \neq 0$. 当 $n < m$ 时，称这有理函数是真分式；而当 $n \geqslant m$ 时，称这有理函数是假分式.

假分式总可以化成一个多项式与一个真分式之和的形式. 例如

$$\frac{x^3 + x + 1}{x^2 + 1} = \frac{x(x^2 + 1) + 1}{x^2 + 1} = x + \frac{1}{x^2 + 1}$$

2. 真分式的不定积分

求真分式的不定积分时，如果分母可因式分解，那么先因式分解，然后化成局部分式再积分.

例 4.54 求 $\int \dfrac{x + 3}{x^2 - 5x + 6} \mathrm{d}x$.

解 $\displaystyle \int \frac{x + 3}{x^2 - 5x + 6} \mathrm{d}x = \int \frac{x + 3}{(x - 2)(x - 3)} \mathrm{d}x = \int \left(\frac{6}{x - 3} - \frac{5}{x - 2} \right) \mathrm{d}x$

$\displaystyle \qquad\qquad = \int \frac{6}{x - 3} \mathrm{d}x - \int \frac{5}{x - 2} \mathrm{d}x = 6\ln |x - 3| - 5\ln |x - 2| + C$

提示

$$\frac{x + 3}{(x - 2)(x - 3)} = \frac{A}{x - 3} + \frac{B}{x - 2} = \frac{(A + B)x + (-2A - 3B)}{(x - 2)(x - 3)}$$

$$A + B = 1, \ -3A - 2B = 3, \ A = 6, \ B = -5$$

3. 分母是二次质因式的真分式的不定积分

例 4.55 求 $\int \dfrac{x - 2}{x^2 + 2x + 3} \mathrm{d}x$.

解 $\displaystyle\int \frac{x-2}{x^2+2x+3}\mathrm{d}x = \int\left(\frac{1}{2}\,\frac{2x+2}{x^2+2x+3} - 3\,\frac{1}{x^2+2x+3}\right)\mathrm{d}x$

$\displaystyle\qquad\qquad\qquad\qquad = \frac{1}{2}\int\frac{2x+2}{x^2+2x+3}\mathrm{d}x - 3\int\frac{1}{x^2+2x+3}\mathrm{d}x$

$\displaystyle\qquad\qquad\qquad\qquad = \frac{1}{2}\int\frac{\mathrm{d}(x^2+2x+3)}{x^2+2x+3} - 3\int\frac{\mathrm{d}(x+1)}{(x+1)^2+(\sqrt{2})^2}$

$\displaystyle\qquad\qquad\qquad\qquad = \frac{1}{2}\ln(x^2+2x+3) - \frac{3}{\sqrt{2}}\arctan\frac{x+1}{\sqrt{2}} + C$

提示

$$\frac{x-2}{x^2+2x+3} = \frac{\dfrac{1}{2}(2x+2)-3}{x^2+2x+3} = \frac{1}{2}\cdot\frac{x-2}{x^2+2x+3} - 3\cdot\frac{1}{x^2+2x+3}$$

例 4.56　求 $\displaystyle\int\frac{1}{x\,(x-1)^2}\mathrm{d}x$.

解 $\displaystyle\int\frac{1}{x\,(x-1)^2}\mathrm{d}x = \int\left[\frac{1}{x} - \frac{1}{x-1} + \frac{1}{(x-1)^2}\right]\mathrm{d}x$

$\displaystyle\qquad\qquad\qquad\quad = \int\frac{1}{x}\mathrm{d}x - \int\frac{1}{x-1}\mathrm{d}x + \int\frac{1}{(x-1)^2}\mathrm{d}x$

$\displaystyle\qquad\qquad\qquad\quad = \ln|x| - \ln|x-1| - \frac{1}{x-1} + C$

提示:

$$\frac{1}{x\,(x-1)^2} = \frac{1-x+x}{x\,(x-1)^2} = -\frac{1}{x(x-1)} + \frac{1}{(x-1)^2}$$

$$\qquad = -\frac{1-x+x}{x(x-1)} + \frac{1}{(x-1)^2} = \frac{1}{x} - \frac{1}{x-1} + \frac{1}{(x-1)^2}$$

4.3.2　三角函数有理式的积分

　　三角函数有理式是指由三角函数和常数经过有限次四则运算所构成的函数,其特点是分子分母都包含三角函数的和差和乘积运算.由于各种三角函数都可以用 $\sin x$ 及 $\cos x$ 的有理式表示,故三角函数有理式也就是 $\sin x$、$\cos x$ 的有理式.

　　用于三角函数有理式积分的变换:

　　把 $\sin x$、$\cos x$ 表成 $\tan\dfrac{x}{2}$ 的函数,然后作变换 $u = \tan\dfrac{x}{2}$:

$$\sin x = 2\sin\frac{x}{2}\cos\frac{x}{2} = \frac{2\tan\dfrac{x}{2}}{\sec^2\dfrac{x}{2}} = \frac{2\tan\dfrac{x}{2}}{1+\tan^2\dfrac{x}{2}} = \frac{2u}{1+u^2}$$

$$\cos x = \cos^2\frac{x}{2} - \sin^2\frac{x}{2} = \frac{1-\tan^2\dfrac{x}{2}}{\sec^2\dfrac{x}{2}} = \frac{1-u^2}{1+u^2}$$

变换后原积分变成了有理函数的积分.

例 4.57 求 $\int \dfrac{1 + \sin x}{\sin x (1 + \cos x)} \mathrm{d}x$.

解 令 $u = \tan \dfrac{x}{2}$，那么 $\sin x = \dfrac{2u}{1 + u^2}$，$\cos x = \dfrac{1 - u^2}{1 + u^2}$，$x = 2\arctan u$，$\mathrm{d}x = \dfrac{2}{1 + u^2} \mathrm{d}u$.

于是

$$
\int \frac{1 + \sin x}{\sin x (1 + \cos x)} \mathrm{d}x = \int \frac{\left(1 + \dfrac{2u}{1 + u^2} \right)}{\dfrac{2u}{1 + u^2} \left(1 + \dfrac{1 - u^2}{1 + u^2} \right)} \frac{2}{1 + u^2} \mathrm{d}u = \frac{1}{2} \int \left(u + 2 + \frac{1}{u} \right) \mathrm{d}u
$$

$$
= \frac{1}{2} \left(\frac{u^2}{2} + 2u + \ln |u| \right) + C
$$

$$
= \frac{1}{4} \tan^2 \frac{x}{2} + \tan \frac{x}{2} + \frac{1}{2} \ln \left| \tan \frac{x}{2} \right| + C
$$

说明 并非所有的三角函数有理式的积分都要通过变换化为有理函数的积分. 例如：

$$
\int \frac{\cos x}{1 + \sin x} \mathrm{d}x = \int \frac{1}{1 + \sin x} \mathrm{d}(1 + \sin x) = \ln(1 + \sin x) + C
$$

习 题 4.3

1. 求以下不定积分：

(1) $\displaystyle\int \frac{x^3}{x + 3} \mathrm{d}x$；

(2) $\displaystyle\int \frac{2x + 3}{x^2 + 3x - 10} \mathrm{d}x$；

(3) $\displaystyle\int \frac{x + 1}{x^2 - 2x + 5} \mathrm{d}x$；

(4) $\displaystyle\int \frac{\mathrm{d}x}{x(x^2 + 1)}$；

(5) $\displaystyle\int \frac{x^2 + 1}{(x + 1)^2 (x - 1)} \mathrm{d}x$；

(6) $\displaystyle\int \frac{(x + 1)^2}{(x^2 + 1)^2} \mathrm{d}x$；

(7) $\displaystyle\int \frac{\mathrm{d}x}{3 + \sin^2 x}$；

(8) $\displaystyle\int \frac{\mathrm{d}x}{3 + \cos x}$；

(9) $\displaystyle\int \frac{\mathrm{d}x}{2 + \sin x}$；

(10) $\displaystyle\int \frac{\mathrm{d}x}{1 + \sin x + \cos x}$；

(11) $\displaystyle\int \frac{\mathrm{d}x}{2\sin x - \cos x + 5}$；

(12) $\displaystyle\int \frac{\mathrm{d}x}{1 + \sqrt[3]{x + 1}}$.

2. 填空题：

(1) 假设 $f(x)$ 的一个原函数为 $\cos x$，那么 $\displaystyle\int f(x) \mathrm{d}x = $ _____.

(2) 设 $\displaystyle\int f(x) \mathrm{d}x = \sin x + C$，那么 $\displaystyle\int x f(1 - x^2) \mathrm{d}x = $ _____.

(3) $\displaystyle\int x^2 \mathrm{e}^x \mathrm{d}x = $ _____.

(4) $\displaystyle\int \frac{1}{1 + \cos 2x} \mathrm{d}x = $ _____.

(5) $\int \dfrac{(\arctan x)^2}{1+x^2}\mathrm{d}x = $ _____ .

3. 选择题：

(1) 曲线 $y = f(x)$ 在点 $(x, f(x))$ 处的切线斜率为 $\dfrac{1}{x}$，且过点 $(\mathrm{e}^2, 3)$，那么该曲线方程为（　）.

(A) $y = \ln x$　　　　　　　　　　　(B) $y = \ln x + 1$

(C) $y = -\dfrac{1}{x^2} + 1$　　　　　　　(D) $y = \ln x + 3$

(2) 设 $f(x)$ 的一个原函数是 e^{-x^2}，那么 $\int x f'(x)\mathrm{d}x = $（　）.

(A) $-2x^2\mathrm{e}^{-x^2} + C$　　　　　　　(B) $-2x^2\mathrm{e}^{-x^2}$

(C) $\mathrm{e}^{-x^2}(-2x^2 - 1) + C$　　　　　(D) $x f(x) + \int f(x)\mathrm{d}x$

(3) 设 $F(x)$ 是 $f(x)$ 的一个原函数，那么（　）.

(A) $\left(\int f(x)\mathrm{d}x\right)' = F(x)$　　　　(B) $\left(\int f(x)\mathrm{d}x\right)' = f(x)$

(C) $\int \mathrm{d}F(x) = F(x)$　　　　　　(D) $\left(\int F(x)\mathrm{d}x\right)' = f(x)$

(4) 设 $f(x)$ 的原函数为 $\dfrac{1}{x}$，那么 $f'(x)$ 等于（　）.

(A) $\ln|x|$　　　　　　　　　　　(B) $\dfrac{1}{x}$

(C) $-\dfrac{1}{x^2}$　　　　　　　　　　(D) $\dfrac{2}{x^3}$

(5) $\int x 2^x \mathrm{d}x = $（　）.

(A) $2^x x - 2^x + C$　　　　　　　　(B) $\dfrac{2^x x}{\ln 2} - \dfrac{2^x}{(\ln 2)^2} + C$

(C) $2^x x \ln x - (\ln 2)^2 2^x + C$　　　(D) $\dfrac{2^x x^2}{2} + C$

(6) 设 $f(x)$ 是连续函数 $F(x)$ 是 $f(x)$ 的原函数，那么（　）.

(A) 当 $f(x)$ 是奇函数时，必是偶函数.

(B) 当 $f(x)$ 是偶函数时，$F(x)$ 必是奇函数.

(C) 当 $f(x)$ 是周期函数时，$F(x)$ 必是周期函数.

(D) 当 $f(x)$ 是单调增函数时，$F(x)$ 必是单调增函数.

4. 计算以下各题：

(1) $\int \dfrac{\arcsin \sqrt{x}}{\sqrt{x}}\mathrm{d}x$；　　　　　(2) $\int \dfrac{1}{\mathrm{e}^x - \mathrm{e}^{-x}}\mathrm{d}x$；

(3) $\int \ln(1 + x^2)\mathrm{d}x$；　　　　　(4) $\int \dfrac{\mathrm{d}x}{x^2 + 2x + 3}$；

(5) $\int \mathrm{e}^{\sin x}\cos x\,\mathrm{d}x$；　　　　　(6) $\int \dfrac{x^7\mathrm{d}x}{(1 + x^4)^2}$；

(7) $\int e^{1-2x} dx$；

(8) $\int \dfrac{dx}{\sqrt{5 - 2x + x^2}}$；

(9) $\int \dfrac{1}{e^x - 1} dx$；

(10) $\int \dfrac{x}{(1 - x)^3} dx$；

(11) $\int \dfrac{x e^x}{\sqrt{e^x + 1}} dx$；

(12) $\int \sqrt{\dfrac{a + x}{a - x}} dx$；

(13) $\int \dfrac{dx}{x^4 - 1}$；

(14) $\int \dfrac{dx}{\sqrt{x - x^2}}$；

(15) $\int x^3 \ln^2 x \, dx$；

(16) $\int \dfrac{dx}{\sqrt{x} + \sqrt[3]{x}}$；

(17) $\int x \sqrt{2x + 3} \, dx$；

(18) $\int \dfrac{dx}{\sqrt{9 - 16x^2}}$；

(19) $\int \dfrac{dx}{x \sqrt{1 + x^2}}$；

(20) $\int \sin^4 \dfrac{x}{2} dx$；

(21) $\int (\tan^2 x + \tan^4 x) dx$；

(22) $\int \left(\dfrac{\sec x}{1 + \tan x} \right)^2 dx$；

(23) $\int \sin(\ln x) dx$；

(24) $\int \dfrac{x^5 dx}{\sqrt{1 - x^2}}$；

(25) $\int \dfrac{\sqrt{(9 - x^2)^3}}{x^6} dx$；

(26) $\int \tan^5 t \sec^4 t \, dt$；

(27) $\int \sin^3 \pi x \sqrt{\cos \pi x} \, dx$；

(28) $\int \dfrac{\tan x \cos^6 x}{\sin^4 x} dx$；

(29) $\int \dfrac{dx}{\sin^4 x \cos^4 x}$；

(30) $\int \dfrac{1 + \sin x}{1 - \sin x} dx$；

(31) $\int \dfrac{2^x}{\sqrt{1 - 4^x}} dx$；

(32) $\int \arctan \sqrt{x} \, dx$；

(33) $\int x e^x (x + 1) dx$；

(34) $\int \dfrac{\arcsin \sqrt{x}}{\sqrt{1 - x}} dx$；

(35) $\int x \ln(1 + x^2) dx$；

(36) $\int \dfrac{\ln(x + 1)}{\sqrt{x + 1}} dx$.

5. 求 $\int \dfrac{\arctan e^x}{e^x} dx$.

6. 计算不定积分 $\int \dfrac{x e^{\arctan x}}{(1 + x^2)^{\frac{3}{2}}} dx$.

7. 计算不定积分 $\int \ln\left(1 + \sqrt{\dfrac{1 + x}{x}}\right) dx \, (x > 0)$.

第 5 章　定积分及其应用

本章开始讨论积分学中的另一个基本问题:定积分.首先从几何学与力学问题引进定积分的定义,之后讨论它的性质与计算方法.最后,来讨论定积分的应用问题.

5.1　定积分的概念与性质

5.1.1　定积分问题举例

1.曲边梯形的面积

曲边梯形:设函数 $y = f(x)$ 在区间 $[a,b]$ 上非负、连续.由直线 $x = a$, $x = b$, $y = 0$ 及曲线 $y = f(x)$ 所围成的图形称为曲边梯形,其中曲线弧 $y = f(x)$ 称为曲边.

（1）求曲边梯形的面积的近似值

将曲边梯形分割成一些小的曲边梯形,每个小曲边梯形的面积都近似地等于小矩形的面积,则所有小矩形面积的和就是曲边梯形面积的近似值.具体方法是:在区间 $[a,b]$ 中任意插入若干个分点(图 5.1).

$$a = x_0 < x_1 < x_2 < \cdots < x_{n-1} < x_n = b$$

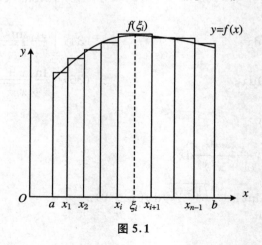

图 5.1

把 $[a,b]$ 分成 n 个小区间

$$[x_0,x_1],[x_1,x_2],[x_2,x_3],\cdots,[x_{n-1},x_n]$$

它们的长度依次为 $\Delta x_1 = x_1 - x_0, \Delta x_2 = x_2 - x_1, \cdots, \Delta x_n = x_n - x_{n-1}$.

经过每一个分点作平行于 y 轴的直线段,把曲边梯形分成 n 个窄曲边梯形.在每个小区间 $[x_{i-1},x_i]$ $(i=1,2,3,\cdots,n)$ 上任取一点 ξ_i,以 $[x_{i-1},x_i]$ 为底、$f(\xi_i)$ 为高的窄矩形近似替代第 i 个窄曲边梯形,把这样得到的 n 个窄矩形面积之和作为所求曲边梯形面积 A 的近似值,即

$$A \approx f(\xi_1)\Delta x_1 + f(\xi_2)\Delta x_2 + \cdots + f(\xi_n)\Delta x_n = \sum_{i=1}^{n} f(\xi_i)\Delta x_i$$

(2) 求曲边梯形的面积的精确值

显然,分点越多、每个小曲边梯形越窄,所求得的曲边梯形面积 A 的近似值就越接近曲边梯形面积 A 的精确值,因此,要求曲边梯形面积 A 的精确值,只需无限地增加分点,使每个小曲边梯形的宽度趋于零.记 $\lambda = \max\{\Delta x_1,\Delta x_2,\cdots,\Delta x_n\}$,于是,上述增加分点,使每个小曲边梯形的宽度趋于零,相当于令 $\lambda \to 0$.所以曲边梯形的面积为

$$A = \lim_{\lambda \to 0} \sum_{i=1}^{n} f(\xi_i)\Delta x_i$$

5.1.2　变速直线运动的路程

设物体做直线运动,已知速度 $v = v(t)$ 是时间间隔 $[T_1,T_2]$ 上 t 的连续函数,且 $v(t) \geqslant 0$,计算在这段时间内物体所经过的路程 S.

(1) 求近似路程

我们把时间间隔 $[T_1,T_2]$ 分成 n 个小的时间间隔 Δt_i,在每个小的时间间隔 Δt_i 内,把物体运动看成是匀速的,其速度近似为物体在时间间隔 Δt_i 内某点 τ_i 的速度 $v(\tau_i)$,物体在时间间隔 Δt_i 内运动的路程近似为 $\Delta s_i = v(\tau_i)\Delta t_i$.把物体在每一小的时间间隔 Δt_i 内运动的路程加起来作为物体在时间间隔 $[T_1,T_2]$ 内所经过的路程 S 的近似值.具体做法是:

在时间间隔 $[T_1,T_2]$ 内任意插入若干个分点:

$$T_1 = t_0 < t_1 < t_2 < \cdots < t_{n-1} < t_n = T_2$$

$[T_1,T_2]$ 分成 n 个小段:

$$[t_0,t_1],[t_1,t_2],\cdots,[t_{n-1},t_n]$$

各小段时间的长依次为

$$\Delta t_1 = t_1 - t_0, \Delta t_2 = t_2 - t_1, \cdots, \Delta t_n = t_n - t_{n-1}$$

相应地,在各段时间内物体经过的路程依次为

$$\Delta s_1, \Delta s_2, \cdots, \Delta s_n$$

在时间间隔 $[t_{i-1},t_i]$ 上任取一个时刻 τ_i $(t_{i-1} < \tau_i < t_i)$,以 τ_i 时刻的速度 $v(\tau_i)$ 来代替 $[t_{i-1},t_i]$ 上各个时刻的速度,得到部分路程 Δs_i 的近似值,即

$$\Delta s_i = v(\tau_i)\Delta t_i \quad (i = 1,2,\cdots,n)$$

于是这 n 段部分路程的近似值之和就是所求变速直线运动路程 S 的近似值,即

$$S \approx \sum_{i=1}^{n} v(\tau_i)\Delta t_i$$

(2) 求精确值

记 $\lambda = \max\{\Delta t_1,\Delta t_2,\cdots,\Delta t_n\}$,当 $\lambda \to 0$ 时,取上述和式的极限,即得变速直线运动

的路程：

$$S = \lim_{\lambda \to 0} \sum_{i=1}^{n} v(\tau_i) \Delta t_i$$

5.1.2　定积分的概念

抛开上述问题的具体意义，抓住它们在数量关系上共同的本质与特性加以概括，就抽象出下述定积分的定义．

定义 5.1　设函数 $y = f(x)$ 在 $[a,b]$ 上有界，在 $[a,b]$ 中任意插入若干个分点：

$$a = x_0 < x_1 < x_2 < \cdots < x_{n-1} < x_n = b$$

把区间 $[a,b]$ 分成 n 个小区间：

$$[x_0,x_1],[x_1,x_2],[x_2,x_3],\cdots,[x_{n-1},x_n]$$

各小段区间的长依次为

$$\Delta x_1 = x_1 - x_0, \Delta x_2 = x_2 - x_1, \cdots, \Delta x_n = x_n - x_{n-1}$$

在每个小区间 $[x_{i-1},x_i]$ 上任取一个点 ξ_i，作函数值 $f(\xi_i)$ 与小区间长度 Δx_i 的乘积 $f(\xi_i)\Delta x_i (i=1,2,\cdots,n)$ 并作出和：

$$S = \sum_{i=1}^{n} f(\xi_i) \Delta x_i$$

记 $\lambda = \max\{\Delta x_1, \Delta x_2, \cdots, \Delta x_n\}$，如果不论对 $[a,b]$ 怎样分法，也不论在小区间 $[x_{i-1},x_i]$ 上点 ξ_i 怎样取法，只要当 $\lambda \to 0$ 时，和 S 总趋于确定的极限 I，这时我们称这个极限 I 为函数 $f(x)$ 在区间 $[a,b]$ 上的定积分，记作 $\int_a^b f(x)\mathrm{d}x$，即

$$\int_a^b f(x)\mathrm{d}x = \lim_{\lambda \to 0} \sum_{i=1}^{n} f(\xi_i) \Delta x_i$$

其中 $f(x)$ 叫作**被积函数**，$f(x)\mathrm{d}x$ 叫作**被积表达式**，x 叫作**积分变量**，a 叫作**积分下限**，b 叫作**积分上限**，$[a,b]$ 叫作**积分区间**．

根据定积分的定义，曲边梯形的面积为 $A = \int_a^b f(x)\mathrm{d}x$．

变速直线运动的路程为 $S = \int_{T_1}^{T_2} v(t)\mathrm{d}t$．

说明　(1) 定积分的值只与被积函数及积分区间有关，而与积分变量的记法无关，即

$$\int_a^b f(x)\mathrm{d}x = \int_a^b f(t)\mathrm{d}t = \int_a^b f(u)\mathrm{d}u$$

(2) 和 $\sum_{i=1}^{n} f(\xi_i) \Delta x_i$ 通常称为 $f(x)$ 的积分和；

(3) 如果函数 $f(x)$ 在 $[a,b]$ 上的定积分存在，我们就说 $f(x)$ 在区间 $[a,b]$ 上可积．函数 $f(x)$ 在 $[a,b]$ 上满足什么条件时，$f(x)$ 在 $[a,b]$ 上可积呢？

定理 5.1　设 $f(x)$ 在区间 $[a,b]$ 上连续，则 $f(x)$ 在 $[a,b]$ 上可积．

定理 5.2　设 $f(x)$ 在区间 $[a,b]$ 上有界，且只有有限个间断点，则 $f(x)$ 在 $[a,b]$ 上可积．

定积分的**几何意义**：

设 $f(x)$ 是 $[a,b]$ 上的连续函数,由曲线 $y=f(x)$ 及直线 $x=a$，$x=b$，$y=0$ 所围成的曲边梯形的面积记为 A. 由定积分的定义易知,定积分有如下几何意义:

(1) 当 $f(x) \geqslant 0$ 时, $\int_a^b f(x)\mathrm{d}x = A$；

(2) 当 $f(x) \leqslant 0$ 时, $\int_a^b f(x)\mathrm{d}x = -A$；

(3) 如果 $f(x)$ 在 $[a,b]$ 上有时取正值,有时取负值时,那么以 $[a,b]$ 为底边,以曲线 $y=f(x)$ 为曲边的曲边梯形可分成几个部分,使得每一部分都位于 x 轴的上方或下方. 这时定积分在几何上表示上述这些部分曲边梯形面积的代数和,如图 5.2 所示,有

$$\int_a^b f(x)\mathrm{d}x = A_1 - A_2 + A_3$$

其中 A_1，A_2，A_3 分别是图 5.2 中三部分曲边梯形的面积,它们都是正数.

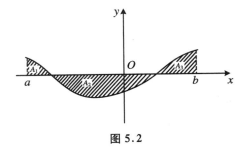

图 5.2

例 5.1　利用定义计算定积分 $\int_0^1 x^2 \mathrm{d}x$.

解　把区间 $[0,1]$ 分成 n 等份,分点和小区间长度分别为

$$x_i = \frac{i}{n}(i = 1,2,\cdots,n-1), \quad \Delta x_i = \frac{1}{n}(i = 1,2,\cdots,n)$$

取 $\xi_i = \frac{i}{n}(i=1,2,\cdots,n)$,作积分和

$$\sum_{i=1}^n f(\xi_i)\Delta x_i = \sum_{i=1}^n \xi_i^2 \Delta x_i = \sum_{i=1}^n \left(\frac{i}{n}\right)^2 \cdot \frac{1}{n} = \frac{1}{n^3}\sum_{i=1}^n i^2$$
$$= \frac{1}{n^3} \cdot \frac{1}{6}n(n+1)(2n+1) = \frac{1}{6}\left(1+\frac{1}{n}\right)\left(2+\frac{1}{n}\right)$$

因为 $\lambda = \frac{1}{n}$,当 $\lambda \to 0$ 时, $n \to \infty$,所以

$$\int_0^1 x^2 \mathrm{d}x = \lim_{\lambda \to 0}\sum_{i=1}^n f(\xi_i)\Delta x_i = \lim_{n \to \infty}\frac{1}{6}\left(1+\frac{1}{n}\right)\left(2+\frac{1}{n}\right) = \frac{1}{3}$$

例 5.2　用定积分的几何意义求 $\int_0^1 (1-x)\mathrm{d}x$.

解　函数 $y=1-x$ 在区间 $[0,1]$ 上的定积分是以 $y=1-x$ 为曲边,以区间 $[0,1]$ 为底的曲边梯形的面积.因为以 $y=1-x$ 为曲边,以区间 $[0,1]$ 为底的曲边梯形是一直角三角形,其底边长及高均为 1,所以

$$\int_0^1 (1-x)\mathrm{d}x = \frac{1}{2} \times 1 \times 1 = \frac{1}{2}$$

例 5.3 利用定积分的几何意义,证明 $\int_{-1}^{1} \sqrt{1 - x^2}\mathrm{d}x = \dfrac{\pi}{2}$.

证明 令 $y = \sqrt{1 - x^2}(x \in [-1,1])$,显然 $y \geqslant 0$,则由 $y = \sqrt{1 - x^2}$ 和直线 $x = -1$,$x = 1$,$y = 0$ 所围成的曲边梯形是单位圆位于 x 轴上方的半圆.如图 5.3 所示.

因为单位圆的面积 $A = \pi$,所以半圆的面积为 $\dfrac{\pi}{2}$.

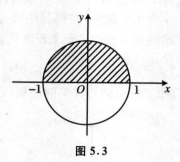

图 5.3

由定积分的几何意义可知,$\int_{-1}^{1} \sqrt{1 - x^2}\mathrm{d}x = \dfrac{\pi}{2}$.

定积分的性质(两点规定):

(1) 当 $a = b$ 时,$\int_{a}^{b} f(x)\mathrm{d}x = 0$;

(2) 当 $a > b$ 时,$\int_{a}^{b} f(x)\mathrm{d}x = -\int_{b}^{a} f(x)\mathrm{d}x$.

性质 5.1 函数的和(差)的定积分等于它们的定积分的和(差),即

$$\int_{a}^{b} [f(x) \pm g(x)]\mathrm{d}x = \int_{a}^{b} f(x)\mathrm{d}x \pm \int_{a}^{b} g(x)\mathrm{d}x$$

证明
$$\int_{a}^{b} [f(x) \pm g(x)]\mathrm{d}x = \lim_{\lambda \to 0} \sum_{i=1}^{n} [f(\xi_i) \pm g(\xi_i)]\Delta x_i$$
$$= \lim_{\lambda \to 0} \sum_{i=1}^{n} f(\xi_i)\Delta x_i \pm \lim_{\lambda \to 0} \sum_{i=1}^{n} g(\xi_i)\Delta x_i$$
$$= \int_{a}^{b} f(x)\mathrm{d}x \pm \int_{a}^{b} g(x)\mathrm{d}x.$$

性质 5.2 被积函数的常数因子可以提到积分号外面,即

$$\int_{a}^{b} kf(x)\mathrm{d}x = k\int_{a}^{b} f(x)\mathrm{d}x$$

这是因为 $\int_{a}^{b} kf(x)\mathrm{d}x = \lim_{\lambda \to 0} \sum_{i=1}^{n} kf(\xi_i)\Delta x_i = k\lim_{\lambda \to 0} \sum_{i=1}^{n} f(\xi_i)\Delta x_i = k\int_{a}^{b} f(x)\mathrm{d}x$.

性质 5.3 如果将积分区间分成两部分,则在整个区间上的定积分等于这两部分区间上定积分之和,即

$$\int_{a}^{b} f(x)\mathrm{d}x = \int_{a}^{c} f(x)\mathrm{d}x + \int_{c}^{b} f(x)\mathrm{d}x$$

这个性质表明定积分对于积分区间具有可加性.

值得注意的是不论 a,b,c 的相对位置如何总有等式

$$\int_a^b f(x)\mathrm{d}x = \int_a^c f(x)\mathrm{d}x + \int_c^b f(x)\mathrm{d}x$$

成立. 例如, 当 $a < b < c$ 时, 由于

$$\int_a^c f(x)\mathrm{d}x = \int_a^b f(x)\mathrm{d}x + \int_b^c f(x)\mathrm{d}x$$

于是有

$$\int_a^b f(x)\mathrm{d}x = \int_a^c f(x)\mathrm{d}x - \int_b^c f(x)\mathrm{d}x = \int_a^c f(x)\mathrm{d}x + \int_c^b f(x)\mathrm{d}x$$

性质 5.4　如果在区间 $[a,b]$ 上 $f(x)\equiv 1$, 则

$$\int_a^b 1\mathrm{d}x = \int_a^b \mathrm{d}x = b - a$$

性质 5.5　如果在区间 $[a,b]$ 上 $f(x)\geqslant 0$, 则

$$\int_a^b f(x)\mathrm{d}x \geqslant 0 \quad (a < b)$$

推论 5.1　如果在区间 $[a,b]$ 上 $f(x)\leqslant g(x)$, 则

$$\int_a^b f(x)\mathrm{d}x \leqslant \int_a^b g(x)\mathrm{d}x (a < b)$$

这是因为 $g(x) - f(x)\geqslant 0$, 从而

$$\int_a^b g(x)\mathrm{d}x - \int_a^b f(x)\mathrm{d}x = \int_a^b [g(x) - f(x)]\mathrm{d}x \geqslant 0$$

所以

$$\int_a^b f(x)\mathrm{d}x \leqslant \int_a^b g(x)\mathrm{d}x$$

推论 5.2　$\left| \int_a^b f(x)\mathrm{d}x \right| \leqslant \int_a^b | f(x) | \mathrm{d}x (a < b)$.

这是因为 $-|f(x)|\leqslant f(x)\leqslant |f(x)|$, 所以

$$-\int_a^b | f(x) | \mathrm{d}x \leqslant \int_a^b f(x)\mathrm{d}x \leqslant \int_a^b | f(x) | \mathrm{d}x$$

即　$\left| \int_a^b f(x)\mathrm{d}x \right| \leqslant \int_a^b |f(x)|\mathrm{d}x$.

性质 5.6　设 M 及 m 分别是函数 $f(x)$ 在区间 $[a,b]$ 上的最大值及最小值, 则

$$m(b - a) \leqslant \int_a^b f(x)\mathrm{d}x \leqslant M(b - a) \quad (a < b)$$

证明　因为 $m\leqslant f(x)\leqslant M$, 所以

$$\int_a^b m\mathrm{d}x \leqslant \int_a^b f(x)\mathrm{d}x \leqslant \int_a^b M\mathrm{d}x$$

从而

$$m(b - a) \leqslant \int_a^b f(x)\mathrm{d}x \leqslant M(b - a)$$

性质 5.7(定积分中值定理)　如果函数 $f(x)$ 在闭区间 $[a,b]$ 上连续, 则在积分区间 $[a,b]$ 上至少存在一个点, 使下式成立:

$$\int_a^b f(x)\mathrm{d}x = f(\xi)(b - a)$$

这个公式叫作**积分中值公式**.

证明 由性质 5.6 有

$$m(b - a) \leqslant \int_a^b f(x)\mathrm{d}x \leqslant M(b - a)$$

各项除以 $b - a$ 得

$$m \leqslant \frac{1}{b - a}\int_a^b f(x)\mathrm{d}x \leqslant M$$

再由连续函数的介值定理,在 $[a,b]$ 上至少存在一点,使

$$f(\xi) = \frac{1}{b - a}\int_a^b f(x)\mathrm{d}x$$

于是两端乘以 $b - a$ 得中值公式

$$\int_a^b f(x)\mathrm{d}x = f(\xi)(b - a)$$

注意 不论 $a < b$ 还是 $a > b$,积分中值公式都成立.并且它的几何意义是:由曲线 $y = f(x)$,直线 $x = a$,$x = b$ 和 x 轴所围成曲边梯形的面积等于区间 $[a,b]$ 上某个矩形的面积,这个矩形的底是区间 $[a,b]$,矩形的高为区间 $[a,b]$ 内某一点 ξ 处的函数值 $f(\xi)$,如图 5.4 所示.

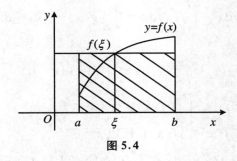

图 5.4

习　题　5.1

1. 利用定积分的概念计算下列积分:

(1) $\displaystyle\int_0^1 (ax + b)\mathrm{d}x$;

(2) $\displaystyle\int_0^1 a^x \mathrm{d}x \ (a > 0)$.

2. 说明下列定积分的几何意义,并指出它们的值:

(1) $\displaystyle\int_0^1 (2x + 1)\mathrm{d}x$;

(2) $\displaystyle\int_{-r}^r \sqrt{r^2 - x^2}\,\mathrm{d}x$;

(3) $\displaystyle\int_0^3 x\mathrm{d}x$;

(4) $\displaystyle\int_{-3}^3 \sqrt{9 - x^2}\,\mathrm{d}x$.

3. 不经计算比较下列定积分的大小:

(1) $\displaystyle\int_0^1 x^2\mathrm{d}x$ 与 $\displaystyle\int_0^1 x^3\mathrm{d}x$;

(2) $\displaystyle\int_0^{\frac{\pi}{4}} \sin x\mathrm{d}x$ 与 $\displaystyle\int_0^{\frac{\pi}{4}} \cos x\mathrm{d}x$;

4. 设 $f(x)$ 为区间 $[a,b]$ 上单调增加的连续函数,证明:

$$f(a)(b-a) \leqslant \int_a^b f(x)\mathrm{d}x \leqslant f(b)(b-a)$$

5. 用定积分定义计算极限: $\lim\limits_{n\to\infty}\left(\dfrac{n}{n^2+1}+\dfrac{n}{n^2+2^2}+\cdots+\dfrac{n}{n^2+n^2}\right)$.

5.2　微积分基本公式

5.2.1　变速直线运动中位置函数与速度函数之间的联系

设物体从某定点开始做直线运动,在 t 时刻所经过的路程为 $S(t)$,速度为 $v=v(t)=S'(t)(v(t)\geqslant0)$,则在时间间隔 $[T_1,T_2]$ 内物体所经过的路程 S 可表示为

$$S(T_2)-S(T_1) \quad 及 \quad \int_{T_1}^{T_2}v(t)\mathrm{d}t$$

即 $\int_{T_1}^{T_2}v(t)\mathrm{d}t=S(T_2)-S(T_1)$. 上式表明,速度函数 $v(t)$ 在区间 $[T_1,T_2]$ 上的定积分等于 $v(t)$ 的原函数 $S(t)$ 在区间 $[T_1,T_2]$ 上的增量.

这个特殊问题中得出的关系是否具有普遍意义呢?

5.2.2　积分上限函数及其导数

定义 5.2　设函数 $f(x)$ 在区间 $[a,b]$ 上连续,并且设 x 为 $[a,b]$ 上的一点. 我们把函数 $f(x)$ 在部分区间 $[a,x]$ 上的定积分:

$$\int_a^x f(x)\mathrm{d}x$$

称为积分上限的函数. 它是区间 $[a,b]$ 上的函数,记为 $\varPhi(x)=\int_a^x f(x)\mathrm{d}x$ 或 $\varPhi(x)=\int_a^x f(t)\mathrm{d}t$.

定理 5.5　如果函数 $f(x)$ 在区间 $[a,b]$ 上连续,则函数 $\varPhi(x)=\int_a^x f(t)\mathrm{d}t$ 在 $[a,b]$ 上具有导数,并且它的导数为

$$\varPhi'(x)=\frac{\mathrm{d}}{\mathrm{d}x}\int_a^x f(t)\mathrm{d}t=f(x) \quad (a\leqslant x\leqslant b)$$

证明　若 $x\in(a,b)$,取 Δx 使 $x+\Delta x\in(a,b)$.

$$\Delta\varPhi=\varPhi(x+\Delta x)-\varPhi(x)=\int_a^{x+\Delta x}f(t)\mathrm{d}t-\int_a^x f(t)\mathrm{d}t$$

$$=\int_a^{x+\Delta x}f(t)\mathrm{d}t+\int_x^a f(t)\mathrm{d}t=\int_x^{x+\Delta x}f(t)\mathrm{d}t=f(\xi)\Delta x$$

应用积分中值定理有 $\Delta\varPhi=f(\xi)\Delta x$,其中 ξ 在 x 与 $x+\Delta x$ 之间,$\Delta x\to0$ 时,$\xi\to x$. 于是

$$\lim_{\Delta x \to 0} \frac{\Delta \Phi}{\Delta x} = \lim_{\Delta x \to 0} f(\xi) = \lim_{\xi \to x} f(\xi) = f(x)$$

即 $\Phi'(x) = f(x)$,若 $x = a$,取 $\Delta x > 0$,则同理可证 $\Phi'_+(x) = f(a)$;若 $x = b$,取 $\Delta x < 0$,则同理可证 $\Phi'_-(x) = f(b)$.

推论 5.1 如果 $\varphi(x)$ 可导,则 $\dfrac{\mathrm{d}}{\mathrm{d}x}\left[\displaystyle\int_a^{n(x)} f(t)\mathrm{d}t\right] = \left[\displaystyle\int_a^{n(x)} f(t)\mathrm{d}t\right]'_x = f[n(x)]n'(x)$.

更一般地,有

$$\int_{\psi(x)}^{n(x)} f(t)\mathrm{d}t = f[n(x)]n'(x) - f[\psi(x)]\psi'(x)$$

例 5.4 计算 $\dfrac{\mathrm{d}}{\mathrm{d}x}\displaystyle\int_0^x \mathrm{e}^{-t}\sin t\,\mathrm{d}t$.

解 $\dfrac{\mathrm{d}}{\mathrm{d}x}\displaystyle\int_0^x \mathrm{e}^{-t}\sin t\,\mathrm{d}t = \left[\displaystyle\int_0^x \mathrm{e}^{-t}\sin t\,\mathrm{d}t\right]' = \mathrm{e}^{-x}\sin x$.

例 5.5 求 $\lim\limits_{x \to 0} \dfrac{\displaystyle\int_0^{x^2}\sin t\,\mathrm{d}t}{x^4}$.

解 因为 $\lim\limits_{x \to 0} x^4 = 0, \lim\limits_{x \to 0}\displaystyle\int_0^{x^2}\sin t\,\mathrm{d}t = \displaystyle\int_0^0\sin t\,\mathrm{d}t = 0$,所以这个极限是 $\dfrac{0}{0}$ 型的未定式,利用洛必达法则得

$$\lim_{x \to 0} \frac{\displaystyle\int_0^{x^2}\sin t\,\mathrm{d}t}{x^4} = \lim_{x \to 0}\frac{\sin x^2 \cdot 2x}{4x^3} = \lim_{x \to 0}\frac{\sin x^2}{2x^2}$$

$$= \frac{1}{2}\lim_{x \to 0}\frac{\sin x^2}{x^2} = \frac{1}{2}$$

例 5.6 设 $f(x)$ 在 $[0, +\infty)$ 内连续且 $f(x) > 0$. 证明:函数 $F(x) = \dfrac{\displaystyle\int_0^x tf(t)\mathrm{d}t}{\displaystyle\int_0^x f(t)\mathrm{d}t}$ 在 $(0, +\infty)$ 内为单调增加函数.

证明 $\dfrac{\mathrm{d}}{\mathrm{d}x}\displaystyle\int_0^x tf(t)\mathrm{d}t = xf(x), \dfrac{\mathrm{d}}{\mathrm{d}x}\displaystyle\int_0^x f(t)\mathrm{d}t = f(x)$. 故

$$F'(x) = \frac{xf(x)\displaystyle\int_0^x f(t)\mathrm{d}t - f(x)\displaystyle\int_0^x tf(t)\mathrm{d}t}{\left(\displaystyle\int_0^x f(t)\mathrm{d}t\right)^2} = \frac{f(x)\displaystyle\int_0^x (x-t)f(t)\mathrm{d}t}{\left(\displaystyle\int_0^x f(t)\mathrm{d}t\right)^2}$$

按假设,当 $0 < t < x$ 时,$f(t) > 0$,则 $(x-t)f(t) > 0$,所以

$$\int_0^x f(t)\mathrm{d}t > 0, \quad \int_0^x (x-t)f(t)\mathrm{d}t > 0$$

从而 $F'(x) > 0 (x > 0)$,这就证明了 $F(x)$ 在 $(0, +\infty)$ 内为单调增加函数.

定理 5.4 如果函数 $f(x)$ 在区间 $[a,b]$ 上连续,则函数 $\Phi(x) = \displaystyle\int_a^x f(t)\mathrm{d}t$ 就是 $f(x)$ 在 $[a,b]$ 上的一个原函数.

定理的重要意义:一方面肯定了连续函数的原函数是存在的,另一方面初步地揭示了积分学中的定积分与原函数之间的联系.

5.2.3 牛顿-莱布尼兹公式

定理 5.5 如果函数 $F(x)$ 是连续函数 $f(x)$ 在区间 $[a,b]$ 上的一个原函数,则

$$\int_a^b f(x)\mathrm{d}x = F(b) - F(a)$$

此公式称为**牛顿-莱布尼兹公式**,也称为**微积分基本公式**.

证明 已知函数 $F(x)$ 是连续函数 $f(x)$ 的一个原函数,又根据定理 5.2,积分上限函数 $\Phi(x) = \int_a^x f(t)\mathrm{d}t$ 也是 $f(x)$ 的一个原函数. 于是有一常数 C,使 $F(x) - \Phi(x) = C(a \leqslant x \leqslant b)$.

当 $x = a$ 时,有 $F(a) - \Phi(a) = C$,而 $\Phi(a) = 0$,所以 $C = F(a)$;当 $x = b$ 时,$F(b) - \Phi(b) = F(a)$,所以 $\Phi(b) = F(b) - F(a)$,即

$$\int_a^b f(x)\mathrm{d}x = F(b) - F(a)$$

为了方便起见,可把 $F(b) - F(a)$ 记成 $[F(x)]_a^b$,于是

$$\int_a^b f(x)\mathrm{d}x = [F(x)]_a^b = F(b) - F(a)$$

该公式进一步揭示了定积分与被积函数的原函数或不定积分之间的联系.

例 5.7 计算 $\int_0^1 x^2 \mathrm{d}x$.

解 由于 $\dfrac{1}{3}x^3$ 是 x^2 的一个原函数,所以

$$\int_0^1 x^2 \mathrm{d}x = \left[\frac{1}{3}x^3\right]_0^1 = \frac{1}{3} \cdot 1^3 - \frac{1}{3} \cdot 0^3 = \frac{1}{3}$$

例 5.8 计算 $\int_{-1}^{\sqrt{3}} \dfrac{\mathrm{d}x}{1+x^2}$.

解 由于 $\arctan x$ 是 $\dfrac{1}{1+x^2}$ 的一个原函数,所以

$$\int_{-1}^{\sqrt{3}} \frac{\mathrm{d}x}{1+x^2} = [\arctan x]_{-1}^{\sqrt{3}} = \arctan\sqrt{3} - \arctan(-1) = \frac{\pi}{3} - \left(-\frac{\pi}{4}\right) = \frac{7}{12}\pi$$

例 5.9 计算 $\int_{-2}^{-1} \dfrac{1}{x}\mathrm{d}x$.

解 $\displaystyle\int_{-2}^{-1} \frac{1}{x}\mathrm{d}x = [\ln|x|]_{-2}^{-1} = \ln 1 - \ln 2 = -\ln 2$.

例 5.10 求 $\int_{-1}^3 |2-x|\mathrm{d}x$.

解
$$\int_{-1}^3 |2-x|\mathrm{d}x = \int_{-1}^2 |2-x|\mathrm{d}x + \int_2^3 |2-x|\mathrm{d}x = \int_{-1}^2 (2-x)\mathrm{d}x + \int_2^3 (x-2)\mathrm{d}x$$
$$= \left(2x - \frac{1}{2}x^2\right)\bigg|_{-1}^2 + \left(\frac{1}{2}x^2 - 2x\right)\bigg|_2^3 = \frac{9}{2} + \frac{1}{2} = 5.$$

习　题　5.2

1. 设 $f(x) = \int_0^x \sin\sqrt{t}\,\mathrm{d}t$，求 $f'\left(\dfrac{\pi^2}{4}\right)$.

2. 设 $f(x) = \int_0^x x\cos t^3\,\mathrm{d}t$，求 $f''(x)$.

3. 求下列函数的导数：

(1) $f(x) = \int_0^x \mathrm{e}^{-t}\,\mathrm{d}t$；

(2) $f(x) = \int_{\sqrt{x}}^1 \sqrt{1+t^2}\,\mathrm{d}t$；

(3) $f(\theta) = \int_{\sin\theta}^{\cos\theta} t\,\mathrm{d}t$；

(4) $f(x) = \int_0^{x^2} \sqrt{1+t^2}\,\mathrm{d}t$.

4. 计算下列导数：

(1) $\dfrac{\mathrm{d}}{\mathrm{d}x}\int_0^{x^2} t^2\mathrm{e}^{t^2}\,\mathrm{d}t$；

(2) $\dfrac{\mathrm{d}}{\mathrm{d}x}\int_{\sqrt{x}}^{x^2} \dfrac{1}{\sqrt{1+t^2}}\,\mathrm{d}t$；

(3) $\dfrac{\mathrm{d}}{\mathrm{d}x}\int_0^x (t^2-x^2)\sin t\,\mathrm{d}t$.

5. 求下列极限：

(1) $\lim\limits_{x\to 1}\dfrac{\int_1^x \sin(\pi t)\,\mathrm{d}t}{1+\cos(\pi t)}$；

(2) $\lim\limits_{x\to 0}\dfrac{\left(\int_0^x \mathrm{e}^{t^2}\,\mathrm{d}t\right)^2}{\int_0^x t\mathrm{e}^{2t^2}\,\mathrm{d}t}$.

6. 计算下列定积分：

(1) $\int_1^2 (x^2+x-1)\,\mathrm{d}x$；

(2) $\int_0^1 (2^x+x^2)\,\mathrm{d}x$；

(3) $\int_1^2 \dfrac{1}{\sqrt{x}}\,\mathrm{d}x$；

(4) $\int_0^\pi |\cos x|\,\mathrm{d}x$；

(5) $\int_0^{2\pi} |\sin x|\,\mathrm{d}x$；

(6) $\int_0^\pi \mathrm{e}^x\,\mathrm{d}x$；

(7) $\int_0^1 (2-3\cos x)\,\mathrm{d}x$；

(8) $\int_0^1 x^{100}\,\mathrm{d}x$；

(9) $\int_0^1 \dfrac{x^2-1}{x^2+1}\,\mathrm{d}x$；

(10) $\int_0^\pi \sqrt{1+\cos 2x}\,\mathrm{d}x$；

(11) $\int_1^4 \sqrt{x}(1+\sqrt{x})\,\mathrm{d}x$；

(12) $\int_{\frac{1}{3}}^{\sqrt{3}} \dfrac{1}{1+x^2}\,\mathrm{d}x$；

(13) $\int_0^{\frac{1}{2}} \dfrac{1}{\sqrt{1-x^2}}\,\mathrm{d}x$；

(14) $\int_0^1 100^x\,\mathrm{d}x$；

(15) $\int_{-1}^0 \dfrac{3x^4+3x^2+1}{1+x^2}\,\mathrm{d}x$.

7. 设 $f(x) = \begin{cases} x+1 & (x\leqslant 1) \\ \dfrac{1}{2}x^2 & (x>1) \end{cases}$，求 $\int_0^2 f(x)\,\mathrm{d}x$.

5.3　定积分的计算

5.3.1　定积分的换元积分法

定理 5.6　假设函数 $f(x)$ 在区间 $[a,b]$ 上连续,函数 $x=\varphi(t)$ 满足条件:

(1) $\varphi(\alpha)=a,\varphi(\beta)=b$;

(2) $\varphi(t)$ 在 $[\alpha,\beta]$(或 $[\beta,\alpha]$)上具有连续导数,且其值域不越出 $[a,b]$,则有

$$\int_a^b f(x)\mathrm{d}x = \int_\alpha^\beta f[\varphi(t)]\varphi'(t)\mathrm{d}t$$

这个公式叫作**定积分的换元公式**.

证明　由假设知,$f(x)$ 在区间 $[a,b]$ 上是连续,因而是可积的;$f[\varphi(t)]\varphi'(t)$ 在区间 $[\alpha,\beta]$(或 $[\beta,\alpha]$)上也是连续的,因而是可积的.

假设 $F(x)$ 是 $f(x)$ 的一个原函数,则

$$\int_a^b f(x)\mathrm{d}x = F(b) - F(a)$$

另一方面,因为 $\{F[n(t)]\}' = F'[n(t)]n'(t) = f[n(t)]n'(t)$,所以 $F[\varphi(t)]$ 是 $f[n(t)]n'(t)$ 的一个原函数,从而

$$\int_\alpha^\beta f[n(t)]n'(t)\mathrm{d}t = F[n(\beta)] - F[n(\alpha)] = F(b) - F(a)$$

因此 $\int_a^b f(x)\mathrm{d}x = \int_\alpha^\beta f[n(t)]n'(t)\mathrm{d}t$.

例 5.11　求 $\int_0^3 \dfrac{x}{\sqrt{1+x}}\mathrm{d}x$.

解　令 $\sqrt{1+x}=t$,则 $x=t^2-1$,$\mathrm{d}x=2t\mathrm{d}t$,当 $x=0$ 时,$t=1$,当 $x=3$ 时,$t=2$,于是

$$\int_0^3 \frac{x}{\sqrt{1+x}}\mathrm{d}x = \int_1^2 \frac{t^2-1}{t}\cdot 2t\mathrm{d}t = 2\int_1^2(t^2-1)\mathrm{d}t$$

$$= 2\left[\frac{1}{3}t^3 - t\right]_1^2 = \frac{8}{3}$$

例 5.12　求 $\int_0^{\ln 2} \sqrt{\mathrm{e}^x-1}\mathrm{d}x$.

解　令 $\sqrt{\mathrm{e}^x-1}=t$,则 $x=\ln(1+t^2)$,$\mathrm{d}x=\dfrac{2t}{1+t^2}\mathrm{d}t$,当 $x=0$ 时,$t=0$;当 $x=\ln 2$ 时,$t=1$,于是

$$\int_0^{\ln 2} \sqrt{\mathrm{e}^x-1}\mathrm{d}x = \int_0^1 t\cdot\frac{2t}{1+t^2}\mathrm{d}t = \int_0^1 \frac{2t^2}{1+t^2}\mathrm{d}t = 2\int_0^1\left(1-\frac{1}{1+t^2}\right)\mathrm{d}t$$

$$= 2\left[t - \arctan t\right]_0^1 = 2 - \frac{\pi}{2}$$

例 5.13　计算 $\int_0^a \sqrt{a^2-x^2}\mathrm{d}x\,(a>0)$.

解 令 $x = a\sin t$,则 $\sqrt{a^2 - x^2} = \sqrt{a^2 - a^2\sin^2 t} = a\cos t$, $\mathrm{d}x = a\cos t\,\mathrm{d}t$.

当 $x = 0$ 时 $t = 0$,当 $x = a$ 时 $t = \dfrac{\pi}{2}$.

$$\int_0^a \sqrt{a^2 - x^2}\,\mathrm{d}x \underline{\quad\text{令 } x = a\sin t\quad} \int_0^{\frac{\pi}{2}} a\cos t \cdot a\cos t\,\mathrm{d}t$$

$$= a^2 \int_0^{\frac{\pi}{2}} \cos^2 t\,\mathrm{d}t = \frac{a^2}{2}\int_0^{\frac{\pi}{2}}(1 + \cos 2t)\,\mathrm{d}t$$

$$= \frac{a^2}{2}\left[t + \frac{1}{2}\sin 2t\right]_0^{\frac{\pi}{2}} = \frac{1}{4}\pi a^2$$

例 5.14 计算 $\displaystyle\int_0^{\frac{\pi}{2}} \cos^5 x\sin x\,\mathrm{d}x$.

解 令 $t = \cos x$,则当 $x = 0$ 时 $t = 1$,当 $x = \dfrac{\pi}{2}$ 时 $t = 0$.

$$\int_0^{\frac{\pi}{2}} \cos^5 x\sin x\,\mathrm{d}x = -\int_0^{\frac{\pi}{2}} \cos^5 x\,\mathrm{d}\cos x \underline{\quad\text{令 } \cos x = t\quad} -\int_1^0 t^5\,\mathrm{d}t$$

$$= \int_0^1 t^5\,\mathrm{d}t = \left[\frac{1}{6}t^6\right]_0^1 = \frac{1}{6}$$

或

$$\int_0^{\frac{\pi}{2}} \cos^5 x\sin x\,\mathrm{d}x = -\int_0^{\frac{\pi}{2}} \cos^5 x\,\mathrm{d}\cos x = -\left[\frac{1}{6}\cos^6 x\right]_0^{\frac{\pi}{2}} = -\frac{1}{6}\cos^6\frac{\pi}{2} + \frac{1}{6}\cos^6 0 = \frac{1}{6}$$

例 5.15 计算 $\displaystyle\int_0^{\pi} \sqrt{\sin^3 x - \sin^5 x}\,\mathrm{d}x$.

解 $\displaystyle\int_0^{\pi} \sqrt{\sin^3 x - \sin^5 x}\,\mathrm{d}x = \int_0^{\pi} \sin^{\frac{3}{2}} x\,|\cos x|\,\mathrm{d}x$

$$= \int_0^{\frac{\pi}{2}} \sin^{\frac{3}{2}} x\cos x\,\mathrm{d}x - \int_{\frac{\pi}{2}}^{\pi} \sin^{\frac{3}{2}} x\cos x\,\mathrm{d}x$$

$$= \int_0^{\frac{\pi}{2}} \sin^{\frac{3}{2}} x\,\mathrm{d}\sin x - \int_{\frac{\pi}{2}}^{\pi} \sin^{\frac{3}{2}} x\,\mathrm{d}\sin x$$

$$= \left[\frac{2}{5}\sin^{\frac{5}{2}} x\right]_0^{\frac{\pi}{2}} - \left[\frac{2}{5}\sin^{\frac{5}{2}} x\right]_{\frac{\pi}{2}}^{\pi} = \frac{2}{5} - \left(-\frac{2}{5}\right) = \frac{4}{5}.$$

提示 $\sqrt{\sin^3 x - \sin^5 x} = \sqrt{\sin^3 x(1 - \sin^2 x)} = \sin^{\frac{3}{2}} x\,|\cos x|$.

在 $\left[0, \dfrac{\pi}{2}\right]$ 上 $|\cos x| = \cos x$,在 $\left[\dfrac{\pi}{2}, \pi\right]$ 上 $|\cos x| = -\cos x$.

例 5.16 计算 $\displaystyle\int_0^4 \dfrac{x + 2}{\sqrt{2x + 1}}\,\mathrm{d}x$.

解 令 $\sqrt{2x + 1} = t$,则 $x = \dfrac{t^2 - 1}{2}$, $\mathrm{d}x = t\,\mathrm{d}t$,当 $x = 0$ 时, $t = 1$,当 $x = 4$ 时, $t = 3$.

$$\int_0^4 \frac{x + 2}{\sqrt{2x + 1}}\,\mathrm{d}x \underline{\quad\text{令 } \sqrt{2x + 1} = t\quad} \int_1^3 \frac{\dfrac{t^2 - 1}{2} + 2}{t} \cdot t\,\mathrm{d}t = \frac{1}{2}\int_1^3 (t^2 + 3)\,\mathrm{d}t$$

$$= \frac{1}{2}\left[\frac{1}{3}t^3 + 3t\right]_1^3 = \frac{1}{2}\left[\left(\frac{27}{3} + 9\right) - \left(\frac{1}{3} + 3\right)\right] = \frac{22}{3}$$

例 5.17　设 $f(x)$ 在区间 $[-a,a]$ 上连续,证明:

(1) 如果 $f(x)$ 为奇函数,则 $\displaystyle\int_{-a}^{a}f(x)\mathrm{d}x=0$;

(2) 如果 $f(x)$ 为偶函数,则 $\displaystyle\int_{-a}^{a}f(x)\mathrm{d}x=2\int_{0}^{a}f(x)\mathrm{d}x$.

证明　由定积分的可加性知

$$\int_{-a}^{a}f(x)\mathrm{d}x=\int_{-a}^{0}f(x)\mathrm{d}x+\int_{0}^{a}f(x)\mathrm{d}x$$

对于定积分 $\displaystyle\int_{-a}^{0}f(x)\mathrm{d}x$,作代换 $x=-t$,得

$$\int_{-a}^{0}f(x)\mathrm{d}x=-\int_{a}^{0}f(-t)\mathrm{d}t=\int_{0}^{a}f(-t)\mathrm{d}t=\int_{0}^{a}f(-x)\mathrm{d}x$$

所以

$$\int_{-a}^{a}f(x)\mathrm{d}x=\int_{0}^{a}f(-x)\mathrm{d}x+\int_{0}^{a}f(x)\mathrm{d}x$$

$$=\int_{0}^{a}[f(x)+f(-x)]\mathrm{d}x$$

(1) 如果 $f(x)$ 为奇函数,即 $f(-x)=-f(x)$,则 $f(x)+f(-x)=0$,于是 $\displaystyle\int_{-a}^{a}f(x)\mathrm{d}x=0$.

(2) 如果 $f(x)$ 为偶函数,即 $f(-x)=f(x)$,$f(x)+f(-x)=f(x)+f(x)=2f(x)$,于是 $\displaystyle\int_{-a}^{a}f(x)\mathrm{d}x=2\int_{0}^{a}f(x)\mathrm{d}x$.

例 5.18　若 $f(x)$ 在 $[0,1]$ 上连续,证明:

(1) $\displaystyle\int_{0}^{\frac{\pi}{2}}f(\sin x)\mathrm{d}x=\int_{0}^{\frac{\pi}{2}}f(\cos x)\mathrm{d}x$;

(2) $\displaystyle\int_{0}^{\pi}xf(\sin x)\mathrm{d}x=\frac{\pi}{2}\int_{0}^{\pi}f(\sin x)\mathrm{d}x$.

证明　(1) 令 $x=\dfrac{\pi}{2}-t$,则

$$\int_{0}^{\frac{\pi}{2}}f(\sin x)\mathrm{d}x=-\int_{\frac{\pi}{2}}^{0}f\Big[\sin\Big(\frac{\pi}{2}-t\Big)\Big]\mathrm{d}t$$

$$=\int_{0}^{\frac{\pi}{2}}f\Big[\sin\Big(\frac{\pi}{2}-t\Big)\Big]\mathrm{d}t=\int_{0}^{\frac{\pi}{2}}f(\cos t)\mathrm{d}t=\int_{0}^{\frac{\pi}{2}}f(\cos x)\mathrm{d}x$$

(2) 令 $x=\pi-t$,则

$$\int_{0}^{\pi}xf(\sin x)\mathrm{d}x=-\int_{\pi}^{0}(\pi-t)f[\sin(\pi-t)]\mathrm{d}t$$

$$=\int_{0}^{\pi}(\pi-t)f[\sin(\pi-t)]\mathrm{d}t=\int_{0}^{\pi}(\pi-t)f(\sin t)\mathrm{d}t$$

$$=\pi\int_{0}^{\pi}f(\sin t)\mathrm{d}t-\int_{0}^{\pi}tf(\sin t)\mathrm{d}t=\pi\int_{0}^{\pi}f(\sin x)\mathrm{d}x-\int_{0}^{\pi}xf(\sin x)\mathrm{d}x$$

所以 $\displaystyle\int_{0}^{\pi}xf(\sin x)\mathrm{d}x=\frac{\pi}{2}\int_{0}^{\pi}f(\sin x)\mathrm{d}x$.

例 5.19　设函数 $f(x) = \begin{cases} xe^{-x^2} & (x \geqslant 0) \\ \dfrac{1}{\cos x + 1} & (-1 < x < 0) \end{cases}$,计算$\int_1^4 f(x-2)\mathrm{d}x$.

解　设 $x - 2 = t$,则 $\mathrm{d}x = \mathrm{d}t$;当 $x = 1$ 时,$t = -1$,当 $x = 4$ 时,$t = 2$.

$$\int_1^4 f(x-2)\mathrm{d}x = \int_{-1}^2 f(t)\mathrm{d}t = \int_{-1}^0 \frac{1}{1+\cos t}\mathrm{d}t + \int_0^2 t e^{-t^2}\mathrm{d}t$$

$$= \left[\tan\frac{t}{2}\right]_{-1}^0 - \left[\frac{1}{2}e^{-t^2}\right]_0^2 = \tan\frac{1}{2} - \frac{1}{2}e^{-4} + \frac{1}{2}$$

5.3.2　定积分的分部积分法

设函数 $u(x)$,$v(x)$ 在区间 $[a,b]$ 上具有连续导数 $u'(x)$,$v'(x)$,由 $(uv)' = u'v + uv'$ 得 $uv' = uv - u'v$,式两端在区间 $[a,b]$ 上积分得

$$\int_a^b uv'\mathrm{d}x = [uv]_a^b - \int_a^b u'v\,\mathrm{d}x \quad \text{或} \quad \int_a^b u\,\mathrm{d}v = [uv]_a^b - \int_a^b v\,\mathrm{d}u$$

这就是**定积分的分部积分公式**.

分部积分过程:

$$\int_a^b uv'\mathrm{d}x = \int_a^b u\,\mathrm{d}v = [uv]_a^b - \int_a^b v\,\mathrm{d}u = [uv]_a^b - \int_a^b u'v\,\mathrm{d}x = \cdots$$

例 5.20　计算$\int_0^{\frac{1}{2}}\arcsin x\,\mathrm{d}x$.

解　$\displaystyle\int_0^{\frac{1}{2}}\arcsin x\,\mathrm{d}x = [x\arcsin x]_0^{\frac{1}{2}} - \int_0^{\frac{1}{2}} x\,\mathrm{d}\arcsin x = \frac{1}{2}\cdot\frac{\pi}{6} - \int_0^{\frac{1}{2}}\frac{x}{\sqrt{1-x^2}}\mathrm{d}x$

$\displaystyle\qquad = \frac{\pi}{12} + \frac{1}{2}\int_0^{\frac{1}{2}}\frac{1}{\sqrt{1-x^2}}\mathrm{d}(1-x^2) = \frac{\pi}{12} + \left[\sqrt{1-x^2}\right]_0^{\frac{1}{2}}$

$\displaystyle\qquad = \frac{\pi}{12} + \frac{\sqrt{3}}{2} - 1.$

例 5.21　计算$\int_0^1 e^{\sqrt{x}}\mathrm{d}x$.

解　令$\sqrt{x} = t$,则

$$\int_0^1 e^{\sqrt{x}}\mathrm{d}x = 2\int_0^1 e^t t\,\mathrm{d}t = 2\int_0^1 t\,\mathrm{d}e^t = 2[te^t]_0^1 - 2\int_0^1 e^t\mathrm{d}t = 2e - 2[e^t]_0^1 = 2$$

例 5.22　求$\int_1^2 x\ln x\,\mathrm{d}x$.

解　$\displaystyle\int_1^2 x\ln x\,\mathrm{d}x = \frac{1}{2}\int_1^2 \ln x\,\mathrm{d}(x^2) = \frac{1}{2}x^2\ln x\,\Big|_1^2 - \frac{1}{2}\int_1^2 x^2\mathrm{d}(\ln x)$

$\displaystyle\qquad = 2\ln 2 - \frac{1}{2}\int_1^2 x\,\mathrm{d}x = 2\ln 2 - \frac{1}{4}x^2\,\Big|_1^2 = 2\ln 2 - \frac{3}{4}.$

例 5.23　求$\int_0^\pi x\sin x\,\mathrm{d}x$.

解　$\displaystyle\int_0^\pi x\sin x\,\mathrm{d}x = -\int_0^\pi x\,\mathrm{d}\cos x = -x\cos x\,\big|_0^\pi + \int_0^\pi \cos x\,\mathrm{d}x$

$\displaystyle\qquad = \pi + \sin x\,\big|_0^\pi = \pi.$

例 5.24　设 $I_n = \int_0^{\frac{\pi}{2}} \sin^n x \mathrm{d}x$，证明：

(1) 当 n 为正偶数时，$I_n = \dfrac{n-1}{n} \cdot \dfrac{n-3}{n-2} \cdot \cdots \cdot \dfrac{3}{4} \cdot \dfrac{1}{2} \cdot \dfrac{\pi}{2}$；

(2) 当 n 为大于 1 的正奇数时，$I_n = \dfrac{n-1}{n} \cdot \dfrac{n-3}{n-2} \cdot \cdots \cdot \dfrac{4}{5} \cdot \dfrac{2}{3}$．

证明　$I_n = \int_0^{\frac{\pi}{2}} \sin^n x \mathrm{d}x = -\int_0^{\frac{\pi}{2}} \sin^{n-1} x \mathrm{d}\cos x = -\left[\cos x \sin^{n-1} x\right]_0^{\frac{\pi}{2}} + \int_0^{\frac{\pi}{2}} \cos x \mathrm{d}\sin^{n-1} x$

$$= (n-1)\int_0^{\frac{\pi}{2}} \cos^2 x \sin^{n-2} x \mathrm{d}x = (n-1)\int_0^{\frac{\pi}{2}} (\sin^{n-2} x - \sin^n x)\mathrm{d}x$$

$$= (n-1)\int_0^{\frac{\pi}{2}} \sin^{n-2} x \mathrm{d}x - (n-1)\int_0^{\frac{\pi}{2}} \sin^n x \mathrm{d}x$$

$$= (n-1)I_n - 2 - (n-1)I_n.$$

由此得

$$I_n = \frac{n-1}{n} I_{n-2},$$

$$I_{2m} = \frac{2m-1}{2m} \cdot \frac{2m-3}{2m-2} \cdot \frac{2m-5}{2m-4} \cdot \cdots \cdot \frac{3}{4} \cdot \frac{1}{2} I_0,$$

$$I_{2m+1} = \frac{2m}{2m+1} \cdot \frac{2m-2}{2m-1} \cdot \frac{2m-4}{2m-3} \cdot \cdots \cdot \frac{4}{5} \cdot \frac{2}{3} I_1.$$

而 $I_0 = \int_0^{\frac{\pi}{2}} \mathrm{d}x = \dfrac{\pi}{2}$，$I_1 = \int_0^{\frac{\pi}{2}} \sin x \mathrm{d}x = 1$，因此

$$I_{2m} = \frac{2m-1}{2m} \cdot \frac{2m-3}{2m-2} \cdot \frac{2m-5}{2m-4} \cdot \cdots \cdot \frac{3}{4} \cdot \frac{1}{2} \cdot \frac{\pi}{2},$$

$$I_{2m+1} = \frac{2m}{2m+1} \cdot \frac{2m-2}{2m-1} \cdot \frac{2m-4}{2m-3} \cdot \cdots \cdot \frac{4}{5} \cdot \frac{2}{3}.$$

5.3.3　定积分的近似计算

虽然牛顿-莱布尼兹公式解决了定积分的计算问题，但它的使用是有一定局限性的．对于被积分中的不能用初等函数表达的情形或其原函数虽能用初等函数表达，但很复杂的情形，我们就有必要考虑近似计算的方法．

定积分的近似计算的基本思想是根据定积分的几何意义找出求曲边梯形面积的近似方法．下面介绍三种常用的方法：矩形法、梯形法及抛物线法．

1. 矩形法

用分点 $a = x_0, x_1, \cdots, x_n = b$ 将区间 $[a, b]$ 等分成 n 份，每一份长度为 $\Delta x = \dfrac{b-a}{n}$，取小区间左端点的函数 $y_i (i = 0, 1, 2, \cdots, n-1)$ 作为窄矩形的高（图 5.5），则有

$$\int_a^b f(x)\mathrm{d}x \approx \sum_{i=1}^n y_{i-1} \Delta x = \frac{b-a}{n} \sum_{i=1}^n y_{i-1}$$

取小区间右端点的函数值 $y_i (i = 0, 1, 2, \cdots, n-1)$ 作为窄矩形的高，则有

$$\int_a^b f(x)\mathrm{d}x \approx \sum_{i=1}^n y_i \Delta x = \frac{b-a}{n} \sum_{i=1}^n y_i$$

以上两公式称为**矩形法公式**.

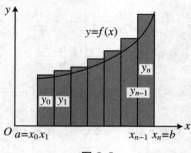

图 5.5

2. 梯形法

将积分区间 $[a,b]$ 作 n 等分,分点依次为

$$a = x_0 < x_1 < \cdots < x_n = b, \quad \Delta x = \frac{b-a}{n}$$

相应的函数为

$$y_0, y_1, \cdots, y_n \quad (y_i = f(x_i); i = 0, 1, \cdots, n)$$

曲线 $y = f(x)$ 上相应的点为

$$P_0, P_1, \cdots, P_n \quad (P_i = (x_i, y_i); i = 0, 1, \cdots, n)$$

将曲线的每一段弧 $P_{i-1}P_i$ 用过点 P_{i-1}, P_i(线性函数)来代替,这使得每个 $[x_{i-1}, x_i]$ 上的曲边梯形形成了真正的梯形(图 5.6),其面积为

$$\frac{y_{i-1} + y_i}{2} \Delta x \quad (i = 1, 2, \cdots, n)$$

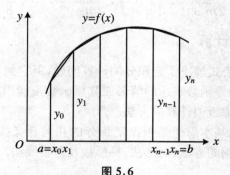

图 5.6

于是各个小梯形面积之和就是曲边梯形面积的近似值,即

$$\int_a^b f(x)\mathrm{d}x \approx \sum_{i=1}^n \frac{y_{i-1} + y_i}{2} \Delta x = \frac{\Delta x}{2} \sum_{i=1}^n (y_{i-1} + y_i)$$

亦即

$$\int_a^b f(x)\mathrm{d}x \approx \frac{b-a}{n}\left(\frac{y_0}{2} + y_1 + y_2 + \cdots + y_{n-1} + \frac{y_n}{2}\right)$$

称此式为**梯形法公式**.

在实际应用中,我们还需要知道用这个近似值来代替所求积分时产生的误差,从

而有
$$\int_a^b f(x)\mathrm{d}x = \frac{b-a}{n}\left(\frac{y_0}{2} + y_1 + y_2 + \cdots + y_{n-1} + \frac{y_n}{2}\right) + R_n$$
其中，$R_n = -\frac{(b-a)^3}{12n^2}f''(\xi)\,(a \leqslant \xi \leqslant b)$.

3. 抛物线法

由梯形法求近似值，当 $y = f(x)$ 为凹曲线时，它就偏小；当 $y = f(x)$ 为凸曲线时，它就偏大. 如果每段改用与它凸性相接近的抛物线来近似，就可减少上述缺点. 下面介绍抛物线法（图 5.7）：

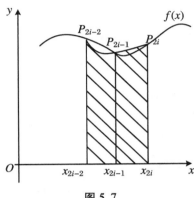

图 5.7

将区间 $[a,b]$ 作 $2n$ 等分，分点依次为
$$a = x_0 < x_1 < \cdots < x_{2n} = b, \quad \Delta x = \frac{b-a}{2n}$$
对应的函数值为
$$y_0, y_1, \cdots, y_{2n} \quad (y_i = f(x_i); i = 0,1,\cdots,2n)$$

曲线上相应的点为 $P_0, P_1, \cdots, P_{2n}$，$P_i = (x_i, y_i)(i = 0,1,2,\cdots,2n)$. 现把区间 $[x_{2i-2}, x_{2i}]$ 上的曲线段 $y = f(x)$ 用通过三点 $P_{2i-2}(x_{2i-2}, y_{2i-2})$，$P_{2i-1}(x_{2i-1}, y_{2i-1})$，$P_{2i}(x_{2i}, y_{2i})$ 的抛物线
$$y = \alpha x^2 + \beta x + \gamma = p_i(x)$$
来近似代替，然后求函数 $p_i(x)$ 从 x_{2i-1} 到 x_{2i} 的定积分：
$$\int_{x_{2i-2}}^{x_{2i}} p_i(x)\mathrm{d}x = \frac{x_{2i} - x_{2i-2}}{6}(y_{2i-2} + 4y_{2i-1} + y_{2i}) = \frac{b-a}{6n}(y_{2i-2} + 4y_{2i-1} + y_{2i})$$
将这 n 个积分相加即得原来所要计算的定积分的近似值：
$$\int_b^a f(x)\mathrm{d}x \approx \sum_{i=1}^n \int_{x_{2i-2}}^{x_{2i}} p_i(x)\mathrm{d}x = \sum_{i=1}^n \frac{b-a}{6n}(y_{2i-2} + 4y_{2i-1} + y_{2i})$$
即
$$\int_a^b f(x)\mathrm{d}x \approx \frac{b-a}{6n}\big[y_0 + y_{2n} + 4(y_1 + y_3 + \cdots + y_{2n-1}) + 2(y_2 + y_4 + \cdots + y_{2n-2})\big]$$
这就是抛物线法公式，也就是辛卜生公式.

也有

$$\int_a^b f(x)\mathrm{d}x \approx \frac{b-a}{6n}\big[y_0 + y_{2n} + 4(y_1 + y_3 + \cdots + y_{2n-1}) + 2(y_2 + y_4 + \cdots + y_{2n-2})\big] + R_n$$

其中,$R_n = -\dfrac{(b-a)^5}{180n^4}f^{(4)}(\xi)\,(a \leqslant \xi \leqslant b)$.

可见 n 越大,近似计算越准确.一般说来,将积分区间 $[a,b]$ 作同样数目等份的情况下,抛物线形公式比梯形公式更精确一些.

习 题 5.3

1. 计算下列定积分:

(1) $\displaystyle\int_0^4 \sqrt{16 - x^2}\,\mathrm{d}x$;

(2) $\displaystyle\int_0^1 \frac{1}{4 + x^2}\,\mathrm{d}x$;

(3) $\displaystyle\int_0^{\frac{\pi}{2}} \sin x \cos^3 x\,\mathrm{d}x$;

(4) $\displaystyle\int_1^{\mathrm{e}} \frac{\ln^2 x}{x}\,\mathrm{d}x$;

(5) $\displaystyle\int_0^{\ln 2} \sqrt{\mathrm{e}^x - 1}\,\mathrm{d}x$;

(6) $\displaystyle\int_{-1}^1 \frac{x\,\mathrm{d}x}{\sqrt{5 - 4x}}$;

(7) $\displaystyle\int_1^4 \frac{\mathrm{d}x}{\sqrt{x} + 1}$;

(8) $\displaystyle\int_0^{\frac{\pi}{2}} \sin^3 x\,\mathrm{d}x$;

(9) $\displaystyle\int_1^{\mathrm{e}^2} \frac{\mathrm{d}x}{x\sqrt{1 + \ln x}}$.

2. 利用换元法计算下列积分:

(1) $\displaystyle\int_{\frac{\pi}{3}}^{\pi} \sin\left(x + \frac{\pi}{3}\right)\mathrm{d}x$;

(2) $\displaystyle\int_{-2}^1 \frac{1}{(11 + 5x)^3}\,\mathrm{d}x$;

(3) $\displaystyle\int_0^{\frac{\pi}{2}} \sin\varphi \cos^3\varphi\,\mathrm{d}\varphi$;

(4) $\displaystyle\int_0^{\sqrt{2}a} \frac{x}{\sqrt{3a^2 - x^2}}\,\mathrm{d}x$;

(5) $\displaystyle\int_1^{\mathrm{e}} \frac{\sqrt{1 + \ln x}}{x}\,\mathrm{d}x$;

(6) $\displaystyle\int_0^{\frac{\pi}{2}} \sin x\,\mathrm{e}^{\cos x}\,\mathrm{d}x$.

3. 计算下列定积分:

(1) $\displaystyle\int_{-1}^1 (1 + x^4\tan x)\mathrm{d}x$;

(2) $\displaystyle\int_{-\frac{\pi}{2}}^{\frac{\pi}{2}} (x + \cos x)\sin^2 x\,\mathrm{d}x$.

4. 利用分部积分法计算下列积分:

(1) $\displaystyle\int_0^1 (1 + x)\mathrm{e}^x\,\mathrm{d}x$;

(2) $\displaystyle\int x\mathrm{e}^{2x}\,\mathrm{d}x$;

(3) $\displaystyle\int_1^{\mathrm{e}} x^2\ln x\,\mathrm{d}x$;

(4) $\displaystyle\int_0^{\frac{\pi}{4}} x\cos 2x\,\mathrm{d}x$;

(5) $\displaystyle\int_0^4 (5x + 1)\mathrm{e}^{5x}\,\mathrm{d}x$;

(6) $\displaystyle\int_0^{\mathrm{e}-1} \ln(x + 1)\,\mathrm{d}x$;

(7) $\displaystyle\int_0^1 \mathrm{e}^{\pi x}\cos\pi x\,\mathrm{d}x$;

(8) $\displaystyle\int_0^1 (x^3 + 3^x + \mathrm{e}^{3x})x\,\mathrm{d}x$;

(9) $\displaystyle\int_{\frac{\pi}{4}}^{\frac{\pi}{3}} \frac{x}{\sin^2 x}\,\mathrm{d}x$.

5. 利用奇偶性计算下列各式:

(1) $\displaystyle\int_{-1}^1 \left(x + \sqrt{1 - x^2}\right)^2\mathrm{d}x$;

(2) $\displaystyle\int_{-\frac{\pi}{2}}^{\frac{\pi}{2}} 4\cos^4 x\,\mathrm{d}x$;

(3) $\displaystyle\int_{-5}^5 \frac{x^3\sin^2 x}{x^4 + 2x^2 + 1}\,\mathrm{d}x$;

(4) $\displaystyle\int_{-a}^a (x\cos x - 5\sin x + 2)\mathrm{d}x$.

6. 若 $f(t)$ 是连续的奇函数,证明:$\displaystyle\int_0^x f(t)\mathrm{d}t$ 是偶函数;若 $f(t)$ 是连续的偶函数,证明:$\displaystyle\int_0^x f(t)\mathrm{d}t$ 是奇函数.

7. 若 $f(x)$ 在区间 $[0,1]$ 上连续,证明:

(1) $\int_0^{\frac{\pi}{2}} f(\sin x) \mathrm{d}x = \int_0^{\frac{\pi}{2}} f(\cos x) \mathrm{d}x$;

(2) $\int_0^{\pi} x f(\sin x) \mathrm{d}x = \frac{\pi}{2} \int_0^{\pi} f(\sin x) \mathrm{d}x$,

由此计算 $\int_0^{\pi} \dfrac{x \sin x}{1 + \cos^2 x} \mathrm{d}x$.

8. 设 $f(x)$ 在 $[0,2a]$ 上连续,证明:$\int_0^{2a} f(x) \mathrm{d}x = \int_0^a [f(x) + f(2a - x)] \mathrm{d}x$.

9. 设 $f''(x)$ 在 $[a,b]$ 上连续,证明:$\int_a^b x f''(x) \mathrm{d}x = [bf'(b) - f(b)] - [af'(a) - f(a)]$.

5.4 反 常 积 分

5.4.1 无穷限的反常积分

定义 5.3 设函数 $f(x)$ 在区间 $[a, +\infty)$ 上连续,取 $b > a$. 如果极限
$$\lim_{b \to +\infty} \int_a^b f(x) \mathrm{d}x$$
存在,则称此极限为函数 $f(x)$ 在无穷区间 $[a, +\infty)$ 上的**反常积分**,记作 $\int_a^{+\infty} f(x) \mathrm{d}x$,即
$$\int_a^{+\infty} f(x) \mathrm{d}x = \lim_{b \to +\infty} \int_a^b f(x) \mathrm{d}x$$
这时也称反常积分 $\int_a^{+\infty} f(x) \mathrm{d}x$ **收敛**.

如果上述极限不存在,函数 $f(x)$ 在无穷区间 $[a, +\infty)$ 上的反常积分 $\int_a^{+\infty} f(x) \mathrm{d}x$ 就没有意义,此时称反常积分 $\int_a^{+\infty} f(x) \mathrm{d}x$ **发散**.

类似地,设函数 $f(x)$ 在区间 $(-\infty, b]$ 上连续,如果极限
$$\lim_{a \to -\infty} \int_a^b f(x) \mathrm{d}x \quad (a < b)$$
存在,则称此极限为函数 $f(x)$ 在无穷区间 $(-\infty, b]$ 上的反常积分,记作 $\int_{-\infty}^b f(x) \mathrm{d}x$,即
$$\int_{-\infty}^b f(x) \mathrm{d}x = \lim_{a \to -\infty} \int_a^b f(x) \mathrm{d}x$$
这时也称反常积分 $\int_{-\infty}^b f(x) \mathrm{d}x$ **收敛**. 如果上述极限不存在,则称反常积分 $\int_{-\infty}^b f(x) \mathrm{d}x$ 发散.

设函数 $f(x)$ 在区间 $(-\infty, +\infty)$ 上连续,如果反常积分:
$$\int_{-\infty}^0 f(x) \mathrm{d}x \quad \text{和} \quad \int_0^{+\infty} f(x) \mathrm{d}x$$

都收敛,则称上述两个反常积分的和为函数 $f(x)$ 在无穷区间 $(-\infty, +\infty)$ 上的反常积分,记作 $\int_{-\infty}^{+\infty} f(x)\mathrm{d}x$,即

$$\int_{-\infty}^{+\infty} f(x)\mathrm{d}x = \int_{-\infty}^{0} f(x)\mathrm{d}x + \int_{0}^{+\infty} f(x)\mathrm{d}x$$
$$= \lim_{a \to -\infty} \int_{a}^{0} f(x)\mathrm{d}x + \lim_{b \to +\infty} \int_{0}^{b} f(x)\mathrm{d}x$$

这时也称反常积分 $\int_{-\infty}^{+\infty} f(x)\mathrm{d}x$ 收敛.

如果上式右端有一个反常积分发散,则称反常积分 $\int_{-\infty}^{+\infty} f(x)\mathrm{d}x$ 发散.

反常积分的计算　如果 $F(x)$ 是 $f(x)$ 的原函数,则

$$\int_{a}^{+\infty} f(x)\mathrm{d}x = \lim_{b \to +\infty} \int_{a}^{b} f(x)\mathrm{d}x = \lim_{b \to +\infty} \left[F(x) \right]_{a}^{b}$$
$$= \lim_{b \to +\infty} F(b) - F(a) = \lim_{x \to +\infty} F(x) - F(a)$$

可采用如下简记形式:

$$\int_{a}^{+\infty} f(x)\mathrm{d}x = \left[F(x) \right]_{a}^{+\infty} = \lim_{x \to +\infty} F(x) - F(a)$$

类似地,有

$$\int_{-\infty}^{b} f(x)\mathrm{d}x = \left[F(x) \right]_{-\infty}^{b} = F(b) - \lim_{x \to -\infty} F(x)$$
$$\int_{-\infty}^{+\infty} f(x)\mathrm{d}x = \left[F(x) \right]_{-\infty}^{+\infty} = \lim_{x \to +\infty} F(x) - \lim_{x \to -\infty} F(x)$$

例 5.25　计算反常积分 $\int_{-\infty}^{+\infty} \dfrac{1}{1+x^2}\mathrm{d}x$.

解　$\int_{-\infty}^{+\infty} \dfrac{1}{1+x^2}\mathrm{d}x = \left[\arctan x \right]_{-\infty}^{+\infty}$
$\qquad\qquad = \lim_{x \to +\infty} \arctan x - \lim_{x \to -\infty} \arctan x$
$\qquad\qquad = \dfrac{\pi}{2} - \left(-\dfrac{\pi}{2} \right) = \pi.$

例 5.26　计算反常积分 $\int_{0}^{+\infty} t\mathrm{e}^{-pt}\mathrm{d}t$ (p 是常数,且 $p > 0$).

解　$\int_{0}^{+\infty} t\mathrm{e}^{-pt}\mathrm{d}t = \left[\int t\mathrm{e}^{-pt}\mathrm{d}t \right]_{0}^{+\infty} = \left[-\dfrac{1}{p} \int t\mathrm{d}\mathrm{e}^{-pt} \right]_{0}^{+\infty} = \left[-\dfrac{1}{p}t\mathrm{e}^{-pt} + \dfrac{1}{p}\int \mathrm{e}^{-pt}\mathrm{d}t \right]_{0}^{+\infty}$
$\qquad = \left[-\dfrac{1}{p}t\mathrm{e}^{-pt} - \dfrac{1}{p^2}\mathrm{e}^{-pt} \right]_{0}^{+\infty}$
$\qquad = \lim_{t \to +\infty} \left[-\dfrac{1}{p}t\mathrm{e}^{-pt} - \dfrac{1}{p^2}\mathrm{e}^{-pt} \right] + \dfrac{1}{p^2} = \dfrac{1}{p^2}.$

提示　$\lim_{t \to +\infty} t\mathrm{e}^{-pt} = \lim_{t \to +\infty} \dfrac{t}{\mathrm{e}^{pt}} = \lim_{t \to +\infty} \dfrac{1}{p\mathrm{e}^{pt}} = 0.$

例 5.27　讨论反常积分 $\int_{a}^{+\infty} \dfrac{1}{x^p}\mathrm{d}x (a > 0)$ 的敛散性.

解　当 $p = 1$ 时,$\int_{a}^{+\infty} \dfrac{1}{x^p}\mathrm{d}x = \int_{a}^{+\infty} \dfrac{1}{x}\mathrm{d}x = \left[\ln x \right]_{a}^{+\infty} = +\infty.$

当 $p < 1$ 时，$\int_a^{+\infty} \dfrac{1}{x^p}\mathrm{d}x = \left[\dfrac{1}{1-p}x^{1-p}\right]_a^{+\infty} = +\infty$.

当 $p > 1$ 时，$\int_a^{+\infty} \dfrac{1}{x^p}\mathrm{d}x = \left[\dfrac{1}{1-p}x^{1-p}\right]_a^{+\infty} = \dfrac{a^{1-p}}{p-1}$.

因此，当 $p > 1$ 时，此反常积分收敛，其值为 $\dfrac{a^{1-p}}{p-1}$；当 $p \leqslant 1$ 时，此反常积分发散.

5.4.2 无界函数的反常积分

定义 5.4 设函数 $f(x)$ 在区间 $(a, b]$ 上连续，而在点 a 的右邻域内无界. 取 $\varepsilon > 0$，如果极限

$$\lim_{\varepsilon \to 0^+} \int_{a+\varepsilon}^b f(x)\mathrm{d}x$$

存在，则称此极限为函数 $f(x)$ 在 $(a, b]$ 上的反常积分，仍然记作 $\int_a^b f(x)\mathrm{d}x$，即

$$\int_a^b f(x)\mathrm{d}x = \lim_{\varepsilon \to 0^+} \int_{a+\varepsilon}^b f(x)\mathrm{d}x$$

这时也称反常积分 $\int_a^b f(x)\mathrm{d}x$ **收敛**.

如果上述极限不存在，就称反常积分 $\int_a^b f(x)\mathrm{d}x$ **发散**.

类似地，设函数 $f(x)$ 在区间 $[a, b)$ 上连续，而在点 b 的左邻域内无界. 取 $\varepsilon > 0$，如果极限

$$\lim_{\varepsilon \to 0^+} \int_a^{b-\varepsilon} f(x)\mathrm{d}x$$

存在，则称此极限为函数 $f(x)$ 在 $[a, b)$ 上的反常积分，仍然记作 $\int_a^b f(x)\mathrm{d}x$，即

$$\int_a^b f(x)\mathrm{d}x = \lim_{\varepsilon \to 0^+} \int_a^{b-\varepsilon} f(x)\mathrm{d}x$$

这时也称反常积分 $\int_a^b f(x)\mathrm{d}x$ 收敛. 如果上述极限不存在，就称反常积分 $\int_a^b f(x)\mathrm{d}x$ 发散.

设函数 $f(x)$ 在区间 $[a, b]$ 上除点 $c\,(a < c < b)$ 外连续，而在点 c 的邻域内无界. 如果两个反常积分

$$\int_a^c f(x)\mathrm{d}x \quad 与 \quad \int_c^b f(x)\mathrm{d}x$$

都收敛，则定义

$$\int_a^b f(x)\mathrm{d}x = \int_a^c f(x)\mathrm{d}x + \int_c^b f(x)\mathrm{d}x = \lim_{\varepsilon \to 0^+} \int_a^{c-\varepsilon} f(x)\mathrm{d}x + \lim_{\varepsilon \to 0^+} \int_{c+\varepsilon}^b f(x)\mathrm{d}x$$

否则，就称反常积分 $\int_a^b f(x)\mathrm{d}x$ 发散.

瑕点 如果函数 $f(x)$ 在点 a 的任一邻域内都无界，那么点 a 称为函数 $f(x)$ 的瑕点.

反常积分的计算 如果 $F(x)$ 为 $f(x)$ 的原函数，a 为瑕点，则有

$$\int_a^b f(x)\mathrm{d}x = \lim_{\varepsilon \to 0^+} \int_{a+\varepsilon}^b f(x)\mathrm{d}x = \lim_{\varepsilon \to 0^+} \left[F(x)\right]_{a+\varepsilon}^b = F(b) - \lim_{\varepsilon \to 0^+} F(a+\varepsilon)$$

可采用如下简记形式:

$$\int_a^b f(x)\mathrm{d}x = \left[F(x) \right]_a^b = F(b) - \lim_{\varepsilon \to 0^+} F(a + \varepsilon)$$

类似地,当 b 为瑕点时,有

$$\int_a^b f(x)\mathrm{d}x = \left[F(x) \right]_a^b = \lim_{\varepsilon \to 0^+} F(b - \varepsilon) - F(a)$$

当 $c(a < c < b)$ 为瑕点时,有

$$\int_a^b f(x)\mathrm{d}x = \int_a^c f(x)\mathrm{d}x + \int_c^b f(x)\mathrm{d}x = \left[\lim_{\varepsilon \to 0^+} F(c - \varepsilon) - F(a) \right] + \left[F(b) - \lim_{\varepsilon \to 0^+} F(c + \varepsilon) \right]$$

例 5.28　计算反常积分 $\int_0^a \dfrac{1}{\sqrt{a^2 - x^2}}\mathrm{d}x$.

解　因为 $\lim\limits_{x \to a^-} \dfrac{1}{\sqrt{a^2 - x^2}} = +\infty$,所以点 a 为被积函数的瑕点.

$$\int_0^a \frac{1}{\sqrt{a^2 - x^2}}\mathrm{d}x = \left[\arcsin x \right]_0^a = \lim_{\varepsilon \to 0^+} \arcsin \frac{a - \varepsilon}{a} - 0 = \frac{\pi}{2}$$

例 5.29　讨论反常积分 $\int_{-1}^1 \dfrac{1}{x^2}\mathrm{d}x$ 的收敛性.

解　函数 $\dfrac{1}{x^2}$ 在区间 $[-1, 1]$ 上除 $x = 0$ 外连续,且 $\lim\limits_{x \to 0} \dfrac{1}{x^2} = \infty$. 由于

$$\int_{-1}^0 \frac{1}{x^2}\mathrm{d}x = \left[-\frac{1}{x} \right]_{-1}^0 = \lim_{\varepsilon \to 0^+} \left(-\frac{1}{\varepsilon} \right) - 1 = +\infty$$

即反常积分 $\int_{-1}^0 \dfrac{1}{x^2}\mathrm{d}x$ 发散,所以反常积分 $\int_{-1}^1 \dfrac{1}{x^2}\mathrm{d}x$ 发散.

例 5.30　讨论反常积分 $\int_a^b \dfrac{\mathrm{d}x}{(x - a)^q}$ 的敛散性.

解　当 $q = 1$ 时,$\int_a^b \dfrac{\mathrm{d}x}{(x - a)^q} = \int_a^b \dfrac{\mathrm{d}x}{x - a} = \left[\ln(x - a) \right]_a^b = +\infty$.

当 $q > 1$ 时,$\int_a^b \dfrac{\mathrm{d}x}{(x - a)^q} = \left[\dfrac{1}{1 - q}(x - a)^{1 - q} \right]_a^b = +\infty$.

当 $q < 1$ 时,$\int_a^b \dfrac{\mathrm{d}x}{(x - a)^q} = \left[\dfrac{1}{1 - q}(x - a)^{1 - q} \right]_a^b = \dfrac{1}{1 - q}(b - a)^{1 - q}$.

因此,当 $q < 1$ 时,此反常积分收敛,其值为 $\dfrac{1}{1 - q}(b - a)^{1 - q}$;当 $q \geqslant 1$ 时,此反常积分发散.

习　题　5.4

1. 下列广义积分是否收敛? 若收敛,则求出其值:

(1) $\int_0^{+\infty} \dfrac{1}{x^2}\mathrm{d}x$;

(2) $\int_1^{+\infty} \mathrm{e}^{-100x}\mathrm{d}x$;

(3) $\int_{-\infty}^{+\infty} \dfrac{1 + x^2}{1 + x^4}\mathrm{d}x$;

(4) $\int_0^{+\infty} \dfrac{\mathrm{d}x}{100 + x^2}$;

(5) $\displaystyle\int_1^{+\infty} \frac{1}{(x+1)^3}\mathrm{d}x$；　　　　　　　　(6) $\displaystyle\int_0^{+\infty} \mathrm{e}^{-2x}\mathrm{d}x$．

2. 计算下列反常积分：

(1) $\displaystyle\int_0^{+\infty} \frac{\arctan x}{1+x^2}\mathrm{d}x$；　　　　　　(2) $\displaystyle\int_{-\infty}^0 \cos x\,\mathrm{d}x$；

(3) $\displaystyle\int_1^{+\infty} \mathrm{e}^{-\sqrt{x}}\mathrm{d}x$；　　　　　　　(4) $\displaystyle\int_1^{+\infty} \frac{\mathrm{d}x}{x(x+1)}$；

(5) $\displaystyle\int_0^6 (x-4)^{-\frac{2}{3}}\mathrm{d}x$；　　　　　　(6) $\displaystyle\int_0^1 \frac{\arcsin\sqrt{x}}{\sqrt{x(1-x)}}\mathrm{d}x$．

3. 证明：广义积分 $\displaystyle\int_a^b \frac{\mathrm{d}x}{(x-a)^q}$ 当 $q<1$ 时收敛；当 $q\geqslant 1$ 时发散．

4. 已知 $\displaystyle\lim_{x\to+\infty}\left(\frac{x-a}{x+a}\right)^x = \int_a^{+\infty} 4x^2\mathrm{e}^{-2x}\mathrm{d}x$，求常数 a．

5.5　定积分的应用

5.5.1　微元法

回忆曲边梯形的面积：设 $y=f(x)\geqslant 0(x\in[a,b])$．如果说积分

$$A = \int_a^b f(x)\mathrm{d}x$$

是以 $[a,b]$ 为底的曲边梯形的面积，则积分上限函数

$$A(x) = \int_a^x f(t)\mathrm{d}t$$

就是以 $[a,x]$ 为底的曲边梯形的面积．而微分 $\mathrm{d}A(x)=f(x)\mathrm{d}x$ 表示点 x 处以 $\mathrm{d}x$ 为宽的小曲边梯形面积的近似值 $\Delta A\approx f(x)\mathrm{d}x$，$f(x)\mathrm{d}x$ 称为曲边梯形的面积元素(图 5.8)．以 $[a,b]$ 为底的曲边梯形的面积 A 就是以面积元素 $f(x)\mathrm{d}x$ 为被积表达式，以 $[a,b]$ 为积分区间的定积分：

$$A = \int_a^b f(x)\mathrm{d}x$$

一般情况下，为求某一量 U，先将此量分布在某一区间 $[a,b]$ 上，分布在 $[a,x]$ 上的量用函数 $U(x)$ 表示，再求这一量的元素 $\mathrm{d}U(x)$，设 $\mathrm{d}U(x)=u(x)\mathrm{d}x$，然后以 $u(x)$ $\mathrm{d}x$ 为被积表达式，以 $[a,b]$ 为积分区间求定积分，即得

$$U = \int_a^b f(x)\mathrm{d}x$$

用这一方法求一量的值的方法称为**微元法(或元素法)**．

5.5.2　定积分在几何上应用

1. 平面图形的面积

(1) 直角坐标情形

设平面图形由上、下两条曲线 $y=f_上(x)$ 与 $y=f_下(x)$ 及左、右两条直线 $x=a$ 与 $x=$

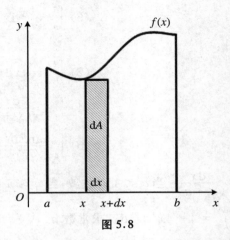

图 5.8

b 所围成，则面积元素为 $\left[f_上(x) - f_下(x)\right]\mathrm{d}x$，于是平面图形的面积为

$$S = \int_a^b \left[f_上(x) - f_下(x)\right]\mathrm{d}x$$

类似地，由左、右两条曲线 $x = \varphi_左(y)$ 与 $x = \varphi_右(y)$ 及上、下两条直线 $y = d$ 与 $y = c$ 所围成设平面图形的面积为

$$S = \int_c^d \left[n_右(y) - n_左(y)\right]\mathrm{d}y$$

例 5.31 计算抛物线 $y^2 = x, y = x^2$ 所围成的图形的面积.

解 （1）画图（图 5.9）；

（2）确定在 x 轴上的投影区间：$[0,1]$；

（3）确定上下曲线：$f_上(x) = \sqrt{x}, f_下(x) = x^2$；

（4）计算积分

$$S = \int_0^1 (\sqrt{x} - x^2)\mathrm{d}x = \left[\frac{2}{3}x^{\frac{3}{2}} - \frac{1}{3}x^3\right]_0^1 = \frac{1}{3}$$

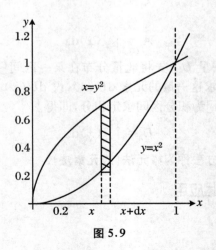

图 5.9

例 5.32 计算阿基米德螺线 $\rho = a\theta(a > 0)$ 上相应于 θ 从 0 变到 2π 的一段弧与极轴

所围成的图形的面积.

解 $S = \int_0^{2\pi} \frac{1}{2} (a\theta)^2 \mathrm{d}\theta = \frac{1}{2} a^2 \left[\frac{1}{3} \theta^3 \right]_0^{2\pi} = \frac{4}{3} a^2 \pi^3$.

例 5.33 计算心形线 $\rho = a(1 + \cos\theta)(a > 0)$ 所围成的图形的面积(图 5.10).

解 $S = 2 \int_0^\pi \frac{1}{2} [a (1 + \cos\theta)^2 \mathrm{d}\theta = a^2 \int_0^\pi \left(\frac{1}{2} + 2\cos\theta + \frac{1}{2}\cos 2\theta \right) \mathrm{d}\theta$

$= a^2 \left[\frac{3}{2}\theta + 2\sin\theta + \frac{1}{4}\sin 2\theta \right]_0^\pi = \frac{3}{2} a^2 \pi$.

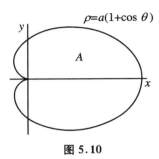

图 5.10

2. 体积

旋转体就是由一个有平面图形绕这平面内一条直线旋转一周而成的立体,这直线叫作旋转轴.常见的旋转体有圆柱、圆锥、圆台、球体.旋转体都可以看作是由连续曲线 $y = f(x)$、直线 $x = a$、$a = b$ 及 x 轴所围成的曲边梯形绕 x 轴旋转一周而成的立体.设过区间 $[a, b]$ 内点 x 且垂直于 x 轴的平面左侧的旋转体的体积为 $V(x)$(图 5.11),当平面左右平移 $\mathrm{d}x$ 后,体积的增量近似为 $\Delta V = \pi [f(x)]^2 \mathrm{d}x$,于是体积元素为

$$\mathrm{d}V = \pi [f(x)]^2 \mathrm{d}x$$

旋转体的体积为

$$V = \int_a^b \pi [f(x)]^2 \mathrm{d}x$$

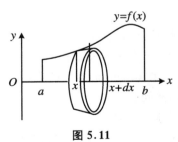

图 5.11

例 3.34 计算由椭圆 $\frac{x^2}{a^2} + \frac{y^2}{b^2} = 1$ 所成的图形绕 x 轴旋转而成的旋转体(旋转椭球体)的体积.

解 这个旋转椭球体也可以看作是由半个椭圆:

$$y = \frac{b}{a} \sqrt{a^2 - x^2}$$

及 x 轴围成的图形绕 x 轴旋转而成的立体,体积元素为

$$\mathrm{d}V = \pi y^2 \mathrm{d}x$$

于是所求旋转椭球体的体积为

$$V = \int_{-a}^{a} \pi \frac{b^2}{a^2}(a^2 - x^2)\mathrm{d}x = \pi \frac{b^2}{a^2}\left[a^2 x - \frac{1}{3}x^3\right]_{-a}^{a} = \frac{4}{3}\pi ab^2$$

例 5.35　计算由星形线 $x^{\frac{2}{3}} + y^{\frac{2}{3}} = a^{\frac{2}{3}}$($a>0$)绕 x 轴旋转而成的旋转体的体积(图 5.12).

解　星形线的参数方程为 $\begin{cases} x = a\cos^3 t \\ y = a\sin^3 t \end{cases}$($a>0$),根据对称性可知,旋转体体积为第一象限图像绕 x 轴旋转而成的旋转体的体积的 2 倍:

$$V = \int_{-a}^{a} \pi y^2 \mathrm{d}x = 2\int_{0}^{a} \pi y^2 \mathrm{d}x$$

$$= 2\int_{0}^{\frac{\pi}{2}} \pi a^2 \sin^6 t \cdot 3a\cos^2 t \sin t \, \mathrm{d}t$$

$$= 6\pi a^3 \int_{0}^{\frac{\pi}{2}} (\sin^7 t - \sin^9 t)\mathrm{d}t = \frac{32}{105}\pi a^3$$

图 5.12

5.5.3　定积分在经济上的应用

在经济分析中,我们可以对经济函数进行边际分析和弹性分析,这用到了导数或微分的知识. 而在实际问题中往往还涉及已知边际函数或弹性函数,来求经济函数(原函数)的问题,这就需要利用定积分或者不定积分来完成.

下面通过实例来说明定积分在经济分析方面的应用.

1. 利用定积分求原经济函数问题

在经济管理中,由边际函数求总函数(即原函数),一般采用不定积分来解决,或用一个变上限的定积分,可以求总需求函数、总成本函数、总收入函数以及总利润函数.

设经济应用函数 $u(x)$ 的边际函数为 $u'(x)$,则有

$$u(x) = u(0) + \int_{0}^{x} u'(x)\mathrm{d}x$$

例 5.36　生产某产品的边际成本函数为 $c'(x) = 3x^2 - 14x + 100$,固定成本 $c(0) = 10000$,求生产 x 个产品的总成本函数.

解　总成本函数

$$c'(x) = c(0) + \int_0^x c'(x)\mathrm{d}x = 10000 + \int_0^x (3x^2 - 14x + 100)\mathrm{d}x$$

$$= 10000 + \left[x^3 - 7x^2 + 100x \right] \Big|_0^x = 10000 + x^3 - 7x^2 + 100x$$

2. 利用定积分求总量问题

如果求总函数在某个范围的改变量,则直接采用定积分来解决.

例 5.37　已知某产品总产量的变化率为 $Q'(t) = 40 + 12t$(件/天),求从第 5 天到第 10 天产品的总产量.

解　所求的总产量为

$$Q = \int_5^0 Q'(t)\mathrm{d}t = \int_5^{10} (20 + 12t)\mathrm{d}t = (40t + 6t^2)\Big|_5^{10}$$

$$= (400 + 600) - (200 + 150) = 650(件)$$

3. 利用定积分求经济函数的最大值和最小值

例 5.38　设生产 x 个产品的边际成本 $c = 100 + 2x$,其固定成本为 $c_0 = 1000$ 元,产品单价规定为 500 元.假设生产出的产品能完全销售,问生产量为多少时利润最大? 并求出最大利润.

解　总成本函数为

$$c(x) = \int_0^x (100 + 2t)\mathrm{d}t + c(0) = 100x + x^2 + 1000$$

总收益函数为 $R(x) = 500x$.

总利润函数为 $L(x) = R(x) - c(x) = 400x - x^2 - 1000$.其导数为

$$L' = 400 - 2x$$

令 $L' = 0$,得 $x = 200$.因为 $L''(200) < 0$,所以,生产量为 200 单位时,利润最大.最大利润为

$$L(200) = 400 \times 200 - 200^2 - 1000 = 39000（元）$$

4. 利用定积分计算资本现值和投资

若有一笔收益流的收入率为 $f(t)$,假设连续收益流以连续复利率 r 计息,从而总现值为

$$y = \int_0^T f(t)\mathrm{e}^{-rt}\mathrm{d}t$$

例 5.39　现对某企业给予一笔投资 A,经测算,该企业在 T 年中可以按每年 a 元的均匀收入率获得收入,若年利润为 r,试求:

(1) 该投资的纯收入贴现值;

(2) 收回该笔投资的时间为多少?

解　(1) 求投资纯收入的贴现值:因收入率为 a,年利润为 r,故投资后的 T 年中获总收入的现值为

$$Y = \int_0^T a\mathrm{e}^{-rt}\mathrm{d}t = \frac{a}{r}(1 - \mathrm{e}^{-rt})$$

从而投资所获得的纯收入的贴现值为

$$R = y - A = \frac{a}{r}(1 - \mathrm{e}^{-rT})A$$

（2）求收回投资的时间：收回投资，即总收入的现值等于投资. 由 $\dfrac{a}{r}(1-\mathrm{e}^{-rT})=A$ 得

$$T=\frac{1}{r}\ln\frac{a}{a-Ar}$$

即收回投资的时间为

$$T=\frac{1}{r}\ln\frac{a}{a-Ar}$$

例如，若对某企业投资 $A=800$（万元），年利率为 5%，设在 20 年中的均匀收入率为 $a=200$（万元/年），则有投资回收期为

$$T=\frac{1}{0.05}\ln\frac{200}{200-800\times0.05}=20\ln1.25\approx4.46（年）$$

由此可知，该投资在 20 年内可得纯利润为 1728.2 万元，投资回收期约为 4.46 年.

习　题　5.5

1. 求由下列各曲线所围成的图形的面积：

（1）$y=\dfrac{1}{2}x^2$ 与 $x^2+y^2=8$（两部分都要计算）；

（2）$y=\dfrac{1}{x}$ 与直线 $y=x$ 及 $x=2$；

（3）$y=\mathrm{e}^x$，$y=\mathrm{e}^{-x}$ 与直线 $x=1$；

（4）$\rho=2a\cos\theta$；

（5）$x=a\cos^3t$，$y=a\sin^3t$.

2. 求二曲线 $r=\sin\theta$ 与 $r=\sqrt{3}\cos\theta$ 所围公共部分的面积.

3. 求由曲线 $y=\sin x$ 和它在 $x=\dfrac{\pi}{2}$ 处的切线以及直线 $x=\pi$ 所围成的图形的面积和它绕轴旋转而成的旋转体的体积.

4. 由 $y=x^3$，$x=2$，$y=0$ 所围成的图形，分别绕 x 轴及 y 轴旋转，计算所得两旋转体的体积.

5. 过点 $P(1,0)$ 抛物线 $y=\sqrt{x-2}$ 的切线，该切线与上述抛物线及 x 围成一平面图形，求此图形绕 x 旋转所成旋转体的体积.

6. 试求由曲线 $f(x)=\ln x(0<x\leqslant1)$，$x=0$，$y=0$ 所围成的图形分别绕 x 轴和 y 轴旋转所得的旋转体的体积.

7. 设把一金属杆的长度由 a 拉长到 $a+x$ 时，所需的力等于 $\dfrac{kx}{a}$，其中，k 为常数，试求将该金属杆由长度 a 拉长到 b 所做的功.

8. 一矩形闸门垂直立于水中，宽为 10 m，高为 6 m，问闸门上边界在水面下多少米时，它所受的压力等于上边界与水面相齐时所受压力的两倍？

9. 设一电子设备出厂价值为 10 万元, 并以常数比率贬值, 求其价值随时间 t（单位为年）的变化率. 若出厂 5 年末该设备价值贬到 8 万元, 则在出厂 20 年末它的价值是多少?

10. 设 D_1 是由抛物线 $y = 2x^2$ 和直线 $x = a, x = 2$ 及 $y = 0$ 所围成的平面区域; D_2 是由抛物线 $y = 2x^2$ 和直线 $x = a$ 及 $y = 0$ 所围成的平面区域, 其中, $0 < a < 2$.

(1) 试求 D_1 绕 x 轴旋转而成的旋转体体积 V_1; D_1 绕 y 轴旋转而成的旋转体体积 V_2;

(2) 问当 a 为何值时, $V_1 + V_2$ 取得最大值? 并求此最大值.

11. 设 D 是由曲线 $y = \sqrt[3]{x}$, 直线 $x = a (a > 0)$ 及 x 轴所转成的平面图形, V_x, V_y 分别是 D 绕 x 轴和 y 轴旋转一周所形成的立体的体积, 若 $10V_x = V_y$, 求 a 的值.

12. 设曲线 L 的方程为 $y = \dfrac{1}{4}x^2 - \dfrac{1}{2}\ln x (1 \leqslant x \leqslant e)$.

(1) 求 L 的弧长.

(2) 设 D 是由曲线 L, 直线 $x = 1, x = e$ 及 x 轴所围成的平面图形, 求 D 的形心的横坐标.

13. 过 $(0,1)$ 点作曲线 $L: y = \ln x$ 的切线, 切点为 A, 又 L 与 x 轴交于 B 点, 区域 D 由 L 与直线 AB 围成, 求区域 D 的面积及 D 绕 x 轴旋转一周所得旋转体的体积.

14. 一容器的内侧是由图中曲线绕 y 轴旋转一周而成的曲面, 该曲线由 $x^2 + y^2 = 2y$ $\left(y \geqslant \dfrac{1}{2}\right)$ 与 $x^2 + y^2 = 1 \left(y \leqslant \dfrac{1}{2}\right)$ 连接而成.

(1) 求容器的容积;

(2) 若将容器内盛满的水从容器顶部全部抽出, 至少需要做多少功?

（长度单位: m; 重力加速度为 g, 单位: m/s²; 水的密度为 10^3 kg/m³）

15. 一个高为 l 的柱体形贮油罐, 底面是长轴为 $2a$, 短轴为 $2b$ 的椭圆. 现将贮油罐平放, 当油罐中油面高度为 $\dfrac{3}{2}b$ 时, 计算油的质量（长度单位: m; 质量单位: kg; 油的密度为 ρ, 单位: kg/m³）.

16. 设非负函数 $y = y(x) (x \geqslant 0)$ 满足微分方程 $xy'' - y' + 2 = 0$, 当曲线 $y = y(x)$ 过原点时, 其与直线 $x = 1$ 及 $y = 0$ 围成平面区域 D 的面积为 2, 求 D 绕 y 轴旋转所得旋转体体积.

17. 设 D 是位于曲线 $y = \sqrt{x}a^{-\frac{x}{2a}} (a > 1, 0 \leqslant x < +\infty)$ 下方、x 轴上方的无界区域.

(1) 求区域 D 绕 x 轴旋转一周所成旋转体的体积 $V(a)$;

(2) 当 a 为何值时, $V(a)$ 最小? 并求此最小值.

18. 已知曲线 L 的方程 $\begin{cases} x = t^2 + 1 \\ y = 4t - t^2 \end{cases} (t \geqslant 0)$.

(1) 讨论 L 的凹凸性;

(2) 过点 $(-1, 0)$ 引 L 的切线, 求切点 (x_0, y_0), 并写出切线的方程;

(3) 求此切线与 L（对应于 $x \leqslant x_0$ 的部分）及 x 轴所围成的平面图形的面积.

19. 曲线 $y = \dfrac{e^x + e^{-x}}{2}$ 与直线 $x = 0, x = t\,(t > 0)$ 及 $y = 0$ 围成一曲边梯形. 该曲边梯形绕 x 轴旋转一周得一旋转体, 其体积为 $V(t)$, 侧面积为 $S(t)$, 在 $x = t$ 处的底面积为 $F(t)$.

(1) 求 $\dfrac{S(t)}{V(t)}$ 的值;

(2) 计算极限 $\lim\limits_{t \to +\infty} \dfrac{S(t)}{F(t)}$.

20. 设位于第一象限的曲线 $y = f(x)$ 过点 $\left(\dfrac{\sqrt{2}}{2}, \dfrac{1}{2}\right)$, 其上任意点 $P(x, y)$ 处的法线与 y 轴的交点为 Q, 且线段 PQ 被 x 轴平分.

(1) 求曲线 $y = f(x)$ 的方程;

(2) 已知曲线 $y = \sin x$ 在 $[0, \pi]$ 上的弧长为 l, 试用 l 表示曲线 $y = f(x)$ 的弧长 s.

21. 设 $f(x)$ 是区间 $[0, +\infty)$ 上具有连续导数的单调增加函数, 且 $f(0) = 1$. 对任意的 $t \in [0, +\infty)$, 直线 $x = 0, x = t$, 曲线 $y = f(x)$ 以及 x 轴所围成的曲边梯形绕 x 轴旋转一周生成一旋转体. 若该旋转体的侧面积在数值上等于其体积的 2 倍, 求函数 $f(x)$ 的表达式.

22. 在 xOy 坐标平面上, 连续曲线 L 过点 $M(1, 0)$, 其上任意点 $P(x, y)\,(x \neq 0)$ 处的切线斜率与直线 OP 的斜率之差等于 ax(常数 $a > 0$).

(1) 求 L 的方程;

(2) 当 L 与直线 $y = ax$ 所围成平面图形的面积为 $\dfrac{8}{3}$ 时, 确定 a 的值.

第6章 常微分方程

函数是研究客观事物运动规律的重要工具,找出函数关系,在实践中有重要意义.但是在许多问题中,常常不能直接找出这种函数关系,但却能根据问题所处的环境,建立起这些变量和它们的导数(或微分)之间的方程,这样的方程称为**微分方程**.

在本章中,主要介绍常微分方程的基本概念和几种常用的常微分方程的解法.

6.1 微分方程的概念

下面我们通过两个例子来说明常微分方程的基本概念.

6.1.1 引例

引例 6.1 一曲线通过点 $(1,2)$,且在该曲线上任一点 $P(x,y)$ 处的切线斜率为 $2x$,求这条曲线方程.

解 设所求曲线方程为 $y = f(x)$,且曲线上任意一点的坐标为 (x,y).根据题意以及导数的几何意义得

$$\frac{\mathrm{d}y}{\mathrm{d}x} = 2x$$

两边同时积分得

$$y = x^2 + c \quad (c \text{ 为任意常数})$$

又因为曲线通过 $(1,2)$ 点,把 $x=1,y=2$ 代入上式,得 $c=1$.故所求曲线方程为

$$y = x^2 + 1$$

引例 6.2 将温度为 $100\ ℃$ 的物体放入温度为 $0\ ℃$ 的介质中冷却,依照冷却定律,冷却的速度与温度 T 成正比,求物体的温度 T 与时间 t 之间的函数关系.

解 依照冷却定律,冷却方程为

$$\frac{\mathrm{d}T}{\mathrm{d}t} = -kt \quad (k \text{ 为比例常数})$$

所求函数关系满足 $t=0, T=100$.

以上我们仅从几何、物理上引出关于变量之间微分方程的关系.

下面我们介绍有关微分方程基本概念.

6.1.2 微分方程的基本概念

定义 6.1 含有未知函数以及未知函数的导数(或微分)的方程称为**微分方程**.在微

分方程中,若未知函数为一元函数的微分方程称为**常微分方程**.若未知函数为多元函数的微分方程称为**偏微分方程**.

例如,下列方程:

(1) $y' - 3x = 1$;　　　　(2) $dy + y\sin x dx = 0$;　　　　(3) $y'' + \dfrac{1}{x}(y')^2 + 2 = 0$

(4) $\dfrac{\partial^2 u}{\partial x^2} + \dfrac{\partial^2 u}{\partial y^2} = 1$;　　　(5) $\dfrac{dy}{dx} + \cos y = 3x$.

都是微分方程,其中(1)、(2)、(3)、(5)是常微分方程,(4)是偏微分方程.

本课程只讨论常微分方程.

定义 6.2　微分方程中含未知函数的导数的最高阶数称为**微分方程的阶**.

在上例中,(1)、(2)、(5)是一阶常微分方程,(3)是二阶常微分方程.

一般地,n 阶微分方程记为

$$F(x, y, y', \cdots, y^{(n)}) = 0$$

定义 6.3　若将 $y = f(x)$ 代入微分方程中使之恒成立,则称 $y = f(x)$ 是微分方程的**解**(也称**显式解**);若将 $\varphi(x, y) = 0$ 代入微分方程中使之恒成立,则称关系式 $\varphi(x, y) = 0$ 是微分方程的**隐式解**.

定义 6.4　微分方程的解中含有任意常数,并且任意常数的个数与微分方程的阶数相同,这样的解称为微分方程的**通解**.

引例 6.1 中,积分后得到 $y = x^2 + C$ 为微分方程的通解,由于通解中含有任意常数,所以它不能完全确定地反映客观事物的规律性,必须确定这些常数,为此,要根据实际问题,提出确定通解中的常数的条件.

设微分方程中未知函数 $y = y(x)$,如果微分方程是一阶的,确定任意常数的条件是 $y|_{x=x_0} = y_0$;如果微分方程是二阶的,确定任意常数的条件是 $y|_{x=x_0} = y_0$,$y'|_{x=x_0} = y_1$,上述这些条件叫作**初始条件**.

定义 6.5　求解微分方程 $y' = f(x, y)$ 满足初始条件 $y|_{x=x_0} = y_0$ 的特解问题称为一阶微分方程的**初值问题**.记作

$$\begin{cases} y' = f(x, y) \\ y|_{x=x_0} = y_0 \end{cases}$$

例 6.1　验证 $x = c_1\cos at + c_2\sin at$ 是微分方程

$$x'' + a^2 x = 0$$

的解.

解　$x = c_1\cos at + c_2\sin at$ 的一阶导数 x' 和二阶导数 x'' 分别是

$$x' = -c_1 a\sin at + c_2 a\cos at$$

$$x'' = -c_1 a^2\cos at - c_2 a^2\sin at = -a^2(c_1\cos at + c_2\sin at)$$

把 x' 和 x'' 代入微分方程中,有

$$-a^2(c_1\cos at + c_2\sin at) + a^2(c_1\cos at + c_2\sin at) \equiv 0$$

因此,$x = c_1\cos at + c_2\sin at$ 是微分方程的解.

如果 c_1, c_2 是任意常数,则解 $x = c_1\cos at + c_2\sin at$ 是二阶微分方程 $x'' + a^2 x = 0$ 的通解.

例 6.2　已知 $y = (C_1 + C_2 x)e^{-x}$ 是微分方程 $\dfrac{d^2 y}{dx^2} + 2\dfrac{dy}{dx} + y = 0$ 的通解,求满足初始条件 $y|_{x=0} = 4, y'|_{x=0} = -2$ 的特解.

解　由题意得
$$y' = \left[(C_1 + C_2 x)e^{-x}\right]' = (C_2 - C_1 - C_2 x)e^{-x}$$
把 $y|_{x=0} = 4, y'|_{x=0} = -2$ 分别代入得
$$\begin{cases} C_1 = 4 \\ C_2 - C_1 = -2 \end{cases}$$
即
$$\begin{cases} C_1 = 4 \\ C_2 = 2 \end{cases}$$
于是微分方程的特解为
$$y = (4 + 2x)e^{-x}$$

习　题　6.1

1. 指出下列各微分方程的阶数:

(1) $x\,dy + y\,dx = 0$;

(2) $x\,(y')^2 - 2y' + xy = 0$;

(3) $y'' + yy' - 2y = x$;

(4) $y'y'' + (y''')^2 = x + y$;

(5) $y''' = x + x\sin y$;

(6) $y''' = x + x\sin y$.

2. 验证下列函数是所给的微分方程的解:

(1) $y = \dfrac{\sin x}{x}, xy' + y = \cos x$;

(2) $y = e^x, y'' - 2y' + y = 0$;

(3) $y = -\dfrac{1}{x}, x^2 y' = x^2 y^2 + xy + 1$;

(4) $y = x^2 + 1, y' = y^2 - (x^2 + 1)y + 2x$.

3. 验证函数 $y = Ce^{-x} + x - 1$ 是微分方程 $y' + y = x$ 的解,并求满足初始条件 $y|_{x=0} = 2$ 的特解.

6.2　可分离变量微分方程

本节我们讨论的是一阶微分方程 $y' = f(x, y)$ 的解法.

6.2.1　可分离变量微分方程

引例 6.3　微分方程 $\dfrac{dy}{dx} = e^{x-y}$,显然不能直接用积分法求解,但是适当地变形:
$$e^y\,dy = e^x\,dx$$
此时,方程右边是只含 x 的函数的微分,方程左边是只含 y 的函数的微分,对上式积

分,得

$$\int e^y \, dy = \int e^x \, dx$$

即

$$e^y = e^x + C \quad (C \text{ 为任意常数})$$

这就是微分方程的通解.

一般地,一阶微分方程 $y' = f(x, y)$,如果能变形为

$$g(y) \, dy = f(x) \, dx$$

的形式,则方程 $y' = f(x, y)$ 称为**可分离变量的微分方程**.此处,$f(x)$,$g(y)$ 为连续函数.

根据以上所述,解可分离变量的微分方程 $y' = f(x, y)$ 的步骤如下:

第 1 步:分离变量,将方程写成 $g(y) \, dy = f(x) \, dx$ 的形式;

第 2 步:两端积分:$\int g(y) \, dy = \int f(x) \, dx$;

第 3 步:求得微分方程的通解 $G(y) = F(x) + C$,其中 $G(y)$,$F(x)$ 分别为 $g(y)$,$f(x)$ 的原函数.

例 6.3　求微分方程 $\dfrac{dy}{dx} = 2xy$ 的通解.

解　将方程分离变量,得到 $\dfrac{dy}{y} = 2x \, dx$,两边积分,即得 $\ln|y| = x^2 + C_1$,即 $y = \pm e^{x^2 + C_1} = \pm e^{C_1} e^{x^2}$.

由于 $\pm e^{C_1}$ 是任意非零常数,又 $y = 0$ 也是方程的解,故原方程的通解为

$$y = Ce^{x^2} \quad (C \text{ 为任意常数})$$

注　变量分离过程中,常将微分方程变形,有时会产生"失解"的现象:

$$\int \frac{dy}{g(y)} = \int f(x) \, dx \rightarrow G(y) = F(x) + C \quad (g(y) \neq 0)$$

如果存在 y_0,使得 $g(y_0) = 0$ 满足微分方程,且包含在通解中,可与通解合并

$$G(y) = F(x) + C$$

如果 y_0 不包含在通解中,求解微分方程时,必须补上,和通解一起共同构成微分方程的解.

例 6.4　求微分方程 $\dfrac{dy}{dx} = y\left(1 - \dfrac{y}{10}\right)$ 的解.

解　将方程分离变量,得到 $\dfrac{dy}{y\left(1 - \dfrac{y}{10}\right)} = dx$,两边积分:

$$\int \frac{dy}{y\left(1 - \dfrac{y}{10}\right)} = \int dx$$

得 $\ln\left|\dfrac{y}{10 - y}\right| = x + C_1$,整理得方程的通解是

$$y = \frac{10}{1 + ce^{-x}} \quad (c = \pm e^{-c_1} \text{ 为任意非零常数})$$

由于 $y\left(1 - \dfrac{y}{10}\right) = 0$，解得 $y_1 = 0$，$y_2 = 10$ 也是方程的解.

另外，$y = 10$ 包含在通解中，$y = 0$ 不含在通解中，故原方程的解为

$$y = \frac{10}{1 + ce^{-x}}(c \text{ 为任意常数}) \quad \text{和} \quad y = 0$$

例 6.5　镭的衰变有如下规律：镭的衰变速率与它的现存量 $M = M(t)$ 成正比. 当 $t = 0$ 时，$M = M_0$. 求镭的存量与时间 t 的函数关系.

解　由题意得

$$\frac{\mathrm{d}M}{\mathrm{d}t} = -kM \quad (k > 0)$$

满足初始条件 $M\big|_{t=0} = M_0$.

此微分方程为变量分离方程，变量分离，得

$$\frac{\mathrm{d}M}{M} = -k\,\mathrm{d}t$$

积分，得

$$\ln M = -kt + \ln C$$

即 $M = Ce^{-kt}$.

将初始条件 $M\big|_{t=0} = M_0$ 代入上式，得 $C = M_0$，故镭的衰变规律为

$$M = M_0 e^{-kt}$$

6.2.2　齐次方程

如果一阶微分方程中，有些方程不能直接分离变量，但可以通过适当的变量代换，化为可分离变量的微分方程，齐次微分方程就是其中一种.

如果 $y' = f(x, y)$ 可化为

$$\frac{\mathrm{d}y}{\mathrm{d}x} = \varphi\left(\frac{y}{x}\right)$$

的形式，则称此方程为**齐次方程**.

例如，微分方程 $(x^2 + y^2)\mathrm{d}x - xy\mathrm{d}y = 0$ 可化为

$$\frac{\mathrm{d}y}{\mathrm{d}x} = \frac{x^2 + y^2}{xy}$$

即等号右边分子、分母同除以 x^2，得

$$\frac{\mathrm{d}y}{\mathrm{d}x} = \frac{1 + \left(\dfrac{y}{x}\right)^2}{\dfrac{y}{x}}$$

故此方程为齐次方程.

齐次方程的解法　令 $u = \dfrac{y}{x}$，则 $y = ux$，$y' = u'x + u$，代入齐次方程

$$u + \frac{\mathrm{d}u}{\mathrm{d}x} = \varphi(u)$$

即

$$\frac{\mathrm{d}u}{\varphi(u) - u} = \frac{\mathrm{d}x}{x}$$

为变量分离方程.

例 6.6　求微分方程 $y' = \dfrac{y}{x} + \tan \dfrac{y}{x}$ 的通解.

解　令 $u = \dfrac{y}{x}$,则 $y = ux$,$y' = u'x + u$,代入上式,得

$$u + xu' = u + \tan u$$

化简,分离变量,得

$$\frac{\cos u}{\sin u}\mathrm{d}u = \frac{1}{x}\mathrm{d}x$$

积分,得

$$\ln \sin u = \ln x + \ln C$$

即

$$\sin u = Cx$$

把 $u = \dfrac{y}{x}$ 回代,得原方程的通解

$$\sin \frac{y}{x} = Cx$$

思考　如何观察一阶微分方程是齐次的?

$$\frac{\mathrm{d}y}{\mathrm{d}x} = \frac{a_0 x^m + a_1 x^{m-1}y + \cdots + a_k x^{m-k}y^k + \cdots + a_m y^m}{b_0 x^m + b_1 x^{m-1}y + \cdots + b_k x^{m-k}y^k + \cdots + b_m y^m}$$

特点　分式的分子与分母的各项中 x 与 y 的幂次之和无一例外的"整齐"——m 次,则该微分方程是齐次方程.

例 6.7　求微分方程 $(x^2 + y^2)\mathrm{d}x - xy\mathrm{d}y = 0$ 的通解.

解　原方程可化为

$$\frac{\mathrm{d}y}{\mathrm{d}x} = \frac{1 + \left(\dfrac{y}{x}\right)^2}{\dfrac{y}{x}}$$

令 $u = \dfrac{y}{x}$,则 $y = ux$,$y' = u'x + u$,代入上式,得

$$u + xu' = \frac{1 + u^2}{u}$$

化简,分离变量,得

$$u\mathrm{d}u = \frac{1}{x}\mathrm{d}x$$

积分,整理,得

$$u^2 = 2\ln |x| + C$$

把 $u = \dfrac{y}{x}$ 回代,得原方程的通解

$$y^2 = x^2(2\ln |x| + C)$$

习 题 6.2

1. 求下列微分方程的通解：

(1) $(x\ln x)y' - y = 0$；

(2) $\sin x\,\mathrm{d}y = 2y\cos x\,\mathrm{d}x$；

(3) $xy' = y\ln y$；

(4) $(1 + y)\mathrm{d}x + (x - 1)\mathrm{d}y = 0$.

2. 求下列微分方程在初始条件下的特解：

(1) $(1 + \mathrm{e}^x)yy' = \mathrm{e}^x, y\big|_{x=0} = 1$；

(2) $y\mathrm{d}x = (x - 1)\mathrm{d}y, y\big|_{x=2} = 1$.

3. 求下列齐次方程的通解或特解.

(1) $2xy' - 2y - \sqrt{y^2 - x^2} = 0$；

(2) $xy' - y\ln\dfrac{y}{x} = 0$；

(3) $y\mathrm{d}x - (x + \sqrt{x^2 + y^2})\mathrm{d}y = 0$.

4. 作适当的变量代换，求下列微分方程的通解：

(1) $\dfrac{\mathrm{d}y}{\mathrm{d}x} = (x + y)^2$；

(2) $(x^2 + y^2)\mathrm{d}x - xy\mathrm{d}y = 0$；

(3) $\dfrac{\mathrm{d}y}{\mathrm{d}x} = \dfrac{x - y + 1}{x + y - 3}$；

(4) $\dfrac{\mathrm{d}y}{\mathrm{d}x} = \dfrac{1}{(x + y)^2}$.

6.3 一阶线性微分方程

6.3.1 一阶线性齐次微分方程

形如

$$\frac{\mathrm{d}y}{\mathrm{d}x} + P(x)y = 0$$

的方程，叫作**一阶线性齐次微分方程**.

方程是可分离变量的微分方程，分离变量，得

$$\frac{\mathrm{d}y}{y} = -P(x)\mathrm{d}x$$

两端积分，得

$$\ln|y| = -\int P(x)\mathrm{d}x$$

整理，得

$$y = C\mathrm{e}^{-\int p(x)\mathrm{d}x} \quad (C = \pm\,\mathrm{e}^{c_1})$$

其中，$y = 0$ 也是方程的解.

一阶线性齐次微分方程的通解为

$$y = C\mathrm{e}^{-\int p(x)\mathrm{d}x} \quad (C\ \text{为任意的常数})$$

6.3.2　一阶线性非齐次微分方程

方程

$$\frac{\mathrm{d}y}{\mathrm{d}x} + P(x)y = Q(x)$$

且 $Q(x) \neq 0$，则方程叫作**一阶线性非齐次微分方程**.

现在我们用**常数变易法**来求一阶线性非齐次微分方程的通解.这个方法是把的通解中的 C 换成 x 的未知函数 $c(x)$，即作变换

$$y = c(x)\mathrm{e}^{-\int p(x)\mathrm{d}x}$$

于是

$$\frac{\mathrm{d}y}{\mathrm{d}x} = c'(x)\mathrm{e}^{-\int p(x)\mathrm{d}x} - c(x)P(x)\mathrm{e}^{-\int p(x)\mathrm{d}x}$$

从而得到

$$c'(x)\mathrm{e}^{-\int p(x)\mathrm{d}x} - c(x)P(x)\mathrm{e}^{-\int p(x)\mathrm{d}x} + P(x)c(x)\mathrm{e}^{-\int p(x)\mathrm{d}x} = Q(x)$$

两端积分得

$$c(x) = \int Q(x)\mathrm{e}^{\int p(x)\mathrm{d}x}\mathrm{d}x + C$$

得到通解

$$y = \mathrm{e}^{-\int p(x)\mathrm{d}x}\left(\int Q(x)\mathrm{e}^{\int p(x)\mathrm{d}x}\mathrm{d}x + C\right)$$

上述方法求一阶线性非齐次微分方程通解的步骤，可以总结如下：

（1）先求对应的齐次方程的通解；

（2）将齐次方程通解中的常数 C 变换为待定函数 $C(x)$，代入原方程，求出 $C(x)$，得到非齐次方程的通解.

这种方法称为**常数变易法**.

例6.8　求微分方程 $xy' + y = \mathrm{e}^x$ 的通解.

解　原方程即 $y' + \dfrac{1}{x}y = \dfrac{\mathrm{e}^x}{x}$，这是一阶线性非齐次微分方程，其中

$$P(x) = \frac{1}{x}, \quad Q(x) = \frac{\mathrm{e}^x}{x}$$

（1）常数变易法

先求原方程对应的齐次方程 $y' + \dfrac{1}{x}y = 0$ 的通解.分离变量得

$$\frac{\mathrm{d}y}{y} = -\frac{\mathrm{d}x}{x}$$

两边积分，得 $\ln y = \ln \dfrac{1}{x} + \ln C = \ln \dfrac{C}{x}$（为了方便计算记 $C = \ln C$），故

$$y = \frac{C}{x}$$

将上式中的任意常数 C 变换成函数 $C(x)$，即设原来的非齐次微分方程的通解为

$$y = \frac{C(x)}{x}$$

则

$$y' = \frac{xC'(x) - C(x)}{x^2}$$

将 y 和 y' 代入原方程,得

$$\frac{xC'(x) - C(x)}{x^2} + \frac{C(x)}{x^2} = \frac{e^x}{x}$$

整理得

$$C'(x) = e^x$$

两边积分,得 $C(x) = e^x + C$,故原方程的通解为

$$y = \frac{1}{x}(e^x + C)$$

(2) 公式法

将 $P(x), Q(x)$,得

$$y = e^{-\int \frac{1}{x}dx}\left[\int \frac{e^x}{x}e^{\int \frac{1}{x}dx}dx + C\right] = \frac{1}{x}\left(\int e^x dx + C\right) = \frac{1}{x}(e^x + C)$$

例 6.9 求微分方程 $y' + y\cos x = \cos x$ 满足初始条件 $y|_{x=0} = 1$ 下的特解.

解 这是一阶线性非齐次微分方程,其中 $P(x) = \cos x, Q(x) = \cos x$ 套用公式法,得

$$y = e^{-\int \cos x dx}\left[\int (\cos x)e^{\int \cos x dx}dx + C\right]$$

$$= e^{-\sin x}\left[\int (\cos x)e^{\sin x}dx + C\right]$$

$$= e^{-\sin x}\left(\int e^{\sin x}d\sin x + C\right)$$

$$= e^{-\sin x}(e^{\sin x} + C)$$

把初始条件 $y|_{x=0} = 1$ 代入上式,得 $C = 0$,故所求的特解是 $y = 1$.

例 6.10 求微分方程

$$\frac{dy}{dx} = \frac{y}{2x - y^2}$$

的通解.

解 上述微分方程可改写为

$$\frac{dx}{dy} = \frac{2x - y^2}{y}$$

即

$$\frac{dx}{dy} - \frac{2x}{y} = -y$$

为关于未知函数 x 的微分方程,其中 $P(y) = -\frac{2}{y}, Q(y) = -y$,套用公式法,得

$$x = e^{\int \frac{2}{y}dy}\left(\int (-y)e^{-\int \frac{2}{y}dy}dy + C\right)$$

$$= y^2 \left(- \int \frac{1}{y} \mathrm{d}y + C \right)$$

$$= y^2 (- \ln | y | + C)$$

6.3.3 贝努利方程

方程

$$\frac{\mathrm{d}y}{\mathrm{d}x} + P(x)y = Q(x)y^n \quad (n \neq 0,1)$$

叫作**贝努利方程**. 这个方程不是线性方程, 但可以通过变量代换化为线性方程. 事实上, 对于上式两端同除以 y^n, 得

$$y^{-n} \frac{\mathrm{d}y}{\mathrm{d}x} + P(x)y^{1-n} = Q(x)$$

令 $z = y^{1-n}$, 那么

$$\frac{\mathrm{d}z}{\mathrm{d}x} = (1 - n)y^{-n} \frac{\mathrm{d}y}{\mathrm{d}x}$$

乘以 $(1-n)$ 得

$$\frac{\mathrm{d}z}{\mathrm{d}x} + (1 - n)P(x)z = (1 - n)Q(x)$$

求出方程的通解后, 以 y^{1-n} 代 z 得贝努利方程的通解.

例 6.11　求方程

$$\frac{\mathrm{d}y}{\mathrm{d}x} + \frac{y}{x} = (\ln x)y^2$$

的通解.

解　以 y^2 除以方程两端, 得

$$y^{-2} \frac{\mathrm{d}y}{\mathrm{d}x} + \frac{1}{x}y^{-1} = \ln x$$

令 $z = y^{-1}$, 则上述方程成为

$$\frac{\mathrm{d}z}{\mathrm{d}x} - \frac{1}{x}z = - \ln x$$

它的通解为

$$z = x \left[C - \frac{1}{2} (\ln x)^2 \right]$$

以 y^{-1} 代 z, 解得方程的通解为

$$yx \left[C - \frac{1}{2} (\ln x)^2 \right] = 1$$

习　题　6.3

1. 求出下列微分方程的通解:

(1) $\frac{\mathrm{d}y}{\mathrm{d}x} + 2xy = 4x$;

(2) $xy' + y = x^2 + 3x + 2.$

2．求下列微分方程满足所给初始条件的特解：

(1) $\dfrac{\mathrm{d}y}{\mathrm{d}x} + \dfrac{y}{x} = \dfrac{\sin x}{x}$, $y\big|_{x=\pi} = 1$；　　　　　(2) $xy' - y = 0$, $y\big|_{x=1} = 2$；

(3) $y' - y = \cos x$, $y\big|_{=0} = 0$；　　　　　(4) $2y'\sqrt{x} = y$, $y\big|_{x=4} = 1$.

3．求下列贝努利方程的通解：

(1) $\dfrac{\mathrm{d}y}{\mathrm{d}t} - 3ty = ty^2$；　　　　　　　　(2) $\dfrac{\mathrm{d}x}{\mathrm{d}t} - x = tx^5$.

6.4　可降阶的高阶微分方程

6.4.1　$y^{(n)} = f(x)$ 型微分方程

微分方程 $y^{(n)} = f(x)$ 的右端仅含有自变量 x，可以对微分方程两边积分，得到一个 $n-1$ 阶的微分方程

$$y^{(n-1)} = \int f(x)\mathrm{d}x + C_1$$

同理可得

$$y^{(n-2)} = \int\left(\int f(x)\mathrm{d}x + C_1 x\right)\mathrm{d}x + C_2$$

依次继续进行，积分 n 次，便得方程 $y^{(n)} = f(x)$ 的含有 n 个任意常数的通解.

例 6.12　求微分方程 $y'' = \mathrm{e}^{2x} - \cos x$ 的通解.

解　对所给方程接连积分两次，得

$$y' = \frac{1}{2}\mathrm{e}^{2x} - \sin x + C$$

$$y = \frac{1}{4}\mathrm{e}^{2x} + \cos x + Cx + C_2$$

记 $C_1 = C$，原方程的通解为

$$y = \frac{1}{4}\mathrm{e}^{2x} + \cos x + Cx + C_2$$

例 6.13　求方程 $xy^{(4)} - y^{(3)} = 0$ 的通解.

解　设 $y''' = P(x)$，代入方程，得 $xP' - P = 0 (P \neq 0)$，解线性方程得 $P = C_1 x$（C_1 为任意常数），即

$$y''' = C_1 x$$

两端积分得

$$y'' = \frac{1}{2}C_1 x^2 + C_2$$

$$y' = \frac{C_1}{6}x^3 + C_2 x + C_3$$

再积分得到方程的通解为

$$y = \frac{C_1}{24}x^4 + \frac{C_2}{2}x^2 + C_3 x + C_4$$

其中,$C_i(i=1,2,3,4)$为任意常数.

例 6.14 质量为 m 的质点受力 F 的作用沿 x 轴做直线运动.设力 F 仅是时间 t 的函数:$F = F(t)$. 在开始时刻 $t = 0$ 时 $F(0) = F_0$,随着时间 t 的增大,此力 F 均匀地变小,直到 $t = T$ 时,$F(T) = 0$.如果开始时质点位于原点,且初速度为零,求这质点的运动规律.

解 设 $x = x(t)$ 表示在时刻 t 时质点的位置,根据牛顿第二定律,质点运动的微分方程为

$$m\frac{\mathrm{d}^2 x}{\mathrm{d}t^2} = F(t)$$

由题设,力 $F(t)$ 随 t 增大而均匀地变小,且 $t = 0$ 时,$F(0) = F_0$,所以 $F(t) = F_0 - kt$;

又当 $t = T$ 时,$F(T) = 0$,从而

$$F(t) = F_0\left(1 - \frac{t}{T}\right)$$

于是质点运动的微分方程又写为

$$\frac{\mathrm{d}^2 x}{\mathrm{d}t^2} = \frac{F_0}{m}\left(1 - \frac{t}{T}\right)$$

其初始条件为 $x|_{t=0} = 0, \frac{\mathrm{d}x}{\mathrm{d}t}|_{t=0} = 0$.

把微分方程两边积分,得

$$\frac{\mathrm{d}x}{\mathrm{d}t} = \frac{F_0}{m}\left(t - \frac{t^2}{2T}\right) + C_1$$

再积分一次,得

$$x = \frac{F_0}{m}\left(\frac{1}{2}t^2 - \frac{t^3}{6T}\right) + C_1 t + C_2$$

由初始条件 $x|_{t=0} = 0, \frac{\mathrm{d}x}{\mathrm{d}t}|_{t=0} = 0$,得 $C_1 = C_2 = 0$.

于是所求质点的运动规律为

$$x = \frac{F_0}{m}\left(\frac{1}{2}t^2 - \frac{t^3}{6T}\right) \quad (0 \leqslant t \leqslant T)$$

6.4.2 $y'' = f(x, y')$型微分方程

方程

$$y'' = f(x, y')$$

的右端不显含未知函数 y,如果我们设 $y' = p$,则方程化为

$$p' = f(x, p)$$

这是关于 x, p 的一阶方程,设 $p' = f(x, p)$ 的通解为 $p = j(x, C_1)$,则

$$\frac{\mathrm{d}y}{\mathrm{d}x} = \varphi(x, C_1)$$

对它进行积分,原方程的通解为

$$y = \int \varphi(x, C_1)\mathrm{d}x + C_2$$

例 6.15　求微分方程

$$(1 + x^2)y'' = 2xy'$$

满足初始条件

$$y\mid_{x=0} = 1, \quad y'\mid_{x=0} = 3$$

的特解.

解　所给方程是 $y'' = f(x, y')$ 型的. 设 $y' = p$,代入方程并分离变量后,有

$$\frac{\mathrm{d}p}{p} = \frac{2x}{1 + x^2}\mathrm{d}x$$

两边积分,得

$$\ln\mid p \mid = \ln(1 + x^2) + C$$

即

$$p = y' = C_1(1 + x^2) \quad (C_1 = \pm\,\mathrm{e}^C)$$

由条件 $y'\mid_{x=0} = 3$,得 $C_1 = 3$,所以

$$y' = 3(1 + x^2)$$

两边再积分,得

$$y = x^3 + 3x + C_2$$

又由条件 $y\mid_{x=0} = 1$,得 $C_2 = 1$,于是所求的特解为

$$y = x^3 + 3x + 1$$

6.4.3　$y'' = f(y, y')$ 型微分方程

方程

$$y'' = f(y, y')$$

的右端不显含自变量 x,y' 看作未知函数 $p(y)$,即令 $y' = p$,并利用复合函数的求导法则把方程化为

$$y'' = \frac{\mathrm{d}p}{\mathrm{d}x} = \frac{\mathrm{d}p}{\mathrm{d}y} \cdot \frac{\mathrm{d}y}{\mathrm{d}x} = p\frac{\mathrm{d}p}{\mathrm{d}y}$$

原方程化为

$$p\frac{\mathrm{d}p}{\mathrm{d}y} = f(y, p)$$

设方程 $p\dfrac{\mathrm{d}p}{\mathrm{d}y} = f(y, p)$ 的通解为 $y' = p = (y, C_1)$ 则原方程的通解为

$$\int \frac{\mathrm{d}y}{\varphi(y, C_1)} = x + C_2$$

例 6.16　求微分方程 $yy'' = 2(y'^2 - y')$ 满足初始条件 $y(0) = 1, y'(0) = 2$ 的特解.

解　令 $y' = p$,由 $y'' = p\dfrac{\mathrm{d}p}{\mathrm{d}y}$,代入方程并化简得

$$y\frac{\mathrm{d}p}{\mathrm{d}y} = 2(p - 1)$$

上式为可分离变量的一阶微分方程,解得

$$p = y' = Cy^2 + 1$$

再分离变量,得

$$\frac{\mathrm{d}y}{Cy^2 + 1} = \mathrm{d}x$$

由初始条件 $y(0) = 1, y'(0) = 2$ 得出 $C = 1$,从而得

$$\frac{\mathrm{d}y}{1 + y^2} = \mathrm{d}x$$

再两边积分,得

$$\arctan y = x + C_1 \quad 或 \quad y = \tan(x + C_1)$$

由 $y(0) = 1$ 得出 $C_1 = \arctan 1 = \frac{\pi}{4}$,从而所求特解为

$$y = \tan\left(x + \frac{\pi}{4}\right)$$

习　题　6.4

1. 求下列各微分方程的通解:

(1) $y'' = x + \sin x$;　　　　　　　　　　　　　(2) $xy'' + y' = 0$.

2. 求下列各微分方程满足所给初始条件的特解:

(1) $y^3 y'' = -1, y|_{x=1} = 1, y'|_{x=1} = 0$;

(2) $y'' = \mathrm{e}^{2y}, y|_{x=0} = 0, y'|_{x=0} = 0$.

6.5　二阶线性微分方程

本节我们主要讨论二阶线性微分方程解的结构及其解法.

6.5.1　二阶线性微分方程解的结构

二阶线性微分方程的一般形式为

$$y'' + P(x)y' + Q(x)y = f(x)$$

若方程右端 $f(x) \equiv 0$ 时,方程称为**齐次的**; 否则称为**非齐次的**.

先讨论二阶齐次线性方程

$$y'' + P(x)y' + Q(x)y = 0$$

即

$$\frac{\mathrm{d}^2 y}{\mathrm{d}x^2} + P(x)\frac{\mathrm{d}y}{\mathrm{d}x} + Q(x)y = 0$$

定理 6.1　如果函数 $y_1(x)$ 与 $y_2(x)$ 是方程

$$y'' + P(x)y' + Q(x)y = 0$$

的两个解,那么
$$y = C_1 y_1(x) + C_2 y_2(x)$$
也是方程的解,其中,C_1,C_2 是任意常数.

证明 对 $y = C_1 y_1(x) + C_2 y_2(x)$ 求一阶导得
$$[C_1 y_1 + C_2 y_2]' = C_1 \cdot y_1' + C_2 \cdot y_2' [C_1 y_1 + C_2 y_2]'$$
再求二阶导得
$$[C_1 y_1 + C_2 y_2]'' = C_1 y_1'' + C_2 y_2''$$
因为 y_1 与 y_2 是方程 $y'' + P(x)y' + Q(x)y = 0$ 的解,所以有
$$y_1'' + P(x)y_1' + Q(x)y_1 = 0 \quad 及 \quad y_2'' + P(x)y_2' + Q(x)y_2 = 0$$
从而
$$[C_1 y_1 + C_2 y_2]'' + P(x)[C_1 y_1 + C_2 y_2]' + Q(x)[C_1 y_1 + C_2 y_2]$$
$$= C_1[y_1'' + P(x)y_1' + Q(x)y_1] + C_2[y_2'' + P(x)y_2' + Q(x)y_2] = 0 + 0 = 0$$
这就证明了 $y = C_1 y_1(x) + C_2 y_2(x)$ 也是方程 $y'' + P(x)y' + Q(x)y = 0$ 的解.

下面讨论函数的线性相关与线性无关:

设 $y_1(x)$,$y_2(x)$,$\cdots$,$y_n(x)$ 为定义在区间 I 上的 n 个函数. 如果存在 n 个不全为零的常数 k_1,k_2,$\cdots$,k_n,使得当 $x \in I$ 时有恒等式
$$k_1 y_1(x) + k_2 y_2(x) + \cdots + k_n y_n(x) \equiv 0$$
成立,那么称这 n 个函数在区间 I 上**线性相关**;否则称为**线性无关**.

对于两个函数,它们线性相关与否,只要看它们的比是否为常数,如果比为常数,那么它们就线性相关,否则就线性无关.

例如,$1 - \cos^2 x$,$\sin^2 x$ 在整个数轴上是线性相关的. 函数 x,$5x^2$ 在任何区间 (a,b) 内是线性无关的.

定理 6.2 如果如果函数 $y_1(x)$ 与 $y_2(x)$ 是方程
$$y'' + P(x)y' + Q(x)y = 0$$
的两个线性无关的解,那么
$$y = C_1 y_1(x) + C_2 y_2(x) \quad (C_1, C_2 \text{ 是任意常数})$$
是方程的通解.

例 6.17 验证 $y_1 = \cos x$ 与 $y_2 = \sin x$ 是方程 $y'' + y = 0$ 的线性无关解,并写出其通解.

解 因为
$$y_1'' + y_1 = -\cos x + \cos x = 0$$
$$y_2'' + y_2 = -\sin x + \sin x = 0$$
所以 $y_1 = \cos x$ 与 $y_2 = \sin x$ 都是方程的解.

由于
$$\frac{y_1}{y_2} = \frac{\cos x}{\sin x} = \cot x$$
不恒为常数,所以 $\cos x$ 与 $\sin x$ 在 $(-\infty, +\infty)$ 内是线性无关的.

因此 $y_1 = \cos x$ 与 $y_2 = \sin x$ 是方程 $y'' + y = 0$ 的线性无关解.

方程的通解为 $y = C_1 \cos x + C_2 \sin xy$.

推论 6.1 如果 $y_1(x), y_2(x), \cdots, y_n(x)$ 是方程

$$y^{(n)} + a_1(x)y^{(n-1)} + \cdots + a_{n-1}(x)y' + a_n(x)y = 0$$

的 n 个线性无关的解,那么,此方程的通解为

$$y = C_1 y_1(x) + C_2 y_2(x) + \cdots + C_n y_n(x)$$

其中,$C_1, C_2, \cdots, C_n$ 为任意常数.

定理 6.3 设 $y^*(x)$ 是二阶非齐次线性方程

$$y'' + P(x)y' + Q(x)y = f(x)$$

的一个特解,$Y(x)$ 是对应的齐次方程的通解,那么

$$y = Y(x) + y^*(x)$$

是二阶非齐次线性微分方程的通解.

例如,$Y = C_1 \cos x + C_2 \sin x$ 是齐次方程 $y'' + y = 0$ 的通解,$y^* = x^2 - 2$ 是 $y'' + y = x^2$ 的一个特解,因此

$$y = C_1 \cos x + C_2 \sin x + x^2 - 2y$$

是方程 $y'' + y = x^2$ 的通解.

定理 6.4 设非齐次线性微分方程 $y'' + P(x)y' + Q(x)y = f(x)$ 的右端 $f(x)$ 是几个函数之和,如

$$y'' + P(x)y' + Q(x)y = f_1(x) + f_2(x)$$

而 $y_1^*(x)$ 与 $y_2^*(x)$ 分别是方程

$$y'' + P(x)y' + Q(x)y = f_1(x) \quad \text{与} \quad y'' + P(x)y' + Q(x)y = f_2(x)$$

的特解,那么 $y_1^*(x) + y_2^*(x)$ 就是原方程的特解.

6.5.2 常系数齐次线性微分方程

先讨论二阶常系数齐次线性微分方程的解法,再把二阶方程的解法推广到 n 阶方程.

方程

$$y'' + py' + qy = 0 \tag{6.1}$$

称为**二阶常系数齐次线性微分方程**,其中,p, q 均为常数.

如果 y_1, y_2 是二阶常系数齐次线性微分方程的两个线性无关解,那么 $y = C_1 y_1 + C_2 y_2$ 就是它的通解.

由定理 6.2 可知,要求二阶常系数线性齐次微分方程 (6.1) 的通解,关键在于求出它的两个线性无关的特解.为此,我们分析一下方程 (6.1) 有什么特点.容易看出,二阶常系数线性微分方程 (6.1) 的左端 y, y', y'' 分别乘以"适当"的常数后,可以合并成零,这就是说,适合于方程 (6.1) 的函数 y 必须与其一阶导数、二阶导数之间只差一个常数因子.而指数函数 $y = e^{rx}$(r 为常数)就是具有此特征的最简单的函数.因此可用函数 $y = e^{rx}$ 来试解(r 是待定常数).

将 $y = e^{rx}, y' = re^{rx}, y'' = r^2 e^{rx}$ 代入方程 (6.1) 得

$$(r^2 + pr + q)e^{rx} = 0$$

因为 $e^{rx} \neq 0$,所以有

$$r^2 + pr + q = 0 \tag{6.2}$$

由此可见,只要 r 是代数方程(6.2)的根,那么 $y = e^{rx}$ 就是微分方程(6.1)的解.于是微分方程(6.1)的求解问题,就转化为求代数方程(6.2)的根的问题.代数方程(6.2)称为微分方程(6.1)的**特征方程**.

特征方程 $r^2 + pr + q = 0$ 是一个一元二次代数方程,它的根有三种情况,因此微分方程(6.1)的解也有三种情况:由一元二次方程的求根公式,有 $r_{1,2} = \dfrac{-p \pm \sqrt{p^2 - 4q}}{2}$.

(1) 当 $p^2 - 4q > 0$ 时,特征方程(6.2)有两个不相等的实根 r_1 和 r_2,则方程(6.1)有两个线性无关的特解 $y_1 = e^{r_1 x}$, $y_2 = e^{r_2 x}$.

这是因为,函数 $y_1 = e^{r_1 x}$, $y_2 = e^{r_2 x}$ 是方程的解,又 $\dfrac{y_1}{y_2} = \dfrac{e^{r_1 x}}{e^{r_2 x}} = e^{(r_1 - r_2)x}$ 不是常数.因此方程的通解为 $y = C_1 e^{r_1 x} + C_2 e^{r_2 x}$.

(2) 当 $p^2 - 4q = 0$ 时,特征方程(6.2)有两个相等的实根 $r_1 = r_2 = -\dfrac{p}{2} = r$,则方程(6.1)只得到一个特解 $y_1 = e^{rx}$,这时由直接验证可知,$y_2 = x e^{rx}$ 是方程(6.1)得另一个特解,且 y_1 与 y_2 线性无关,因此微分方程(6.1)的通解为 $y = C_1 e^{rx} + C_2 x e^{rx} = (C_1 + C_2 x) e^{rx}$.

(3) 当 $p^2 - 4q < 0$ 时,特征方程(6.2)有一对共轭复根 $r_{1,2} = \alpha \pm i\beta$,其中,$\alpha = -\dfrac{p}{2}$,$\beta = \dfrac{\sqrt{4q - p^2}}{2} \neq 0$,则方程(6.1)有两个线性无关的复数形式的特解 $y_1 = e^{(\alpha + i\beta)x}$, $y_2 = e^{(\alpha - i\beta)x}$.而在实际问题中,常用的是实数形式的解,为了得到实数形式的解.我们先利用欧拉公式 $e^{ix} = \cos x + i\sin x$ 把 y_1, y_2 改写为

$$y_1 = e^{(\alpha + i\beta)x} = e^{\alpha x}(\cos\beta x + i\sin\beta x)$$
$$y_2 = e^{(\alpha - i\beta)x} = e^{\alpha x}(\cos\beta x - i\sin\beta x)$$

由本节定理 6.1 知,微分方程(6.1)的两个解的线性组合仍是它的解,因此实数函数

$$\bar{y}_1 = \frac{1}{2}(y_1 + y_2) = e^{\alpha x}\cos\beta x$$

$$\bar{y}_2 = \frac{1}{2i}(y_1 - y_2) = e^{\alpha x}\sin\beta x$$

仍是微分方程(6.1)的解,且它们线性无关,因此方程(6.1)的通解为

$$y = e^{\alpha x}(C_1 \cos\beta x + C_2 \sin\beta x)$$

综上所述,求二阶常系数线性齐次微分方程(6.1)的通解的步骤如下:

(1) 写出微分方程(6.1)的特征方程 $r^2 + pr + q = 0$;

(2) 求出特征方程的两个根 r_1, r_2;

(3) 根据两个根的不同情形,按表 6.1 写出微分方程(6.1)的通解:

表 6.1

特征方程 $r^2 + pr + q = 0$ 的两个根 r_1, r_2	微分方程 $y'' + py' + qy = 0$ 的通解
两个不相等的实根 r_1, r_2	$y = C_1 \mathrm{e}^x + C_2 x \mathrm{e}^x$
两个相等的实根 $r_1 = r_2 = -\dfrac{p}{2} = r$	$y = (C_1 + C_2 x)\mathrm{e}^{rx}$
一对共轭复根 $r_{1,2} = \alpha \pm \mathrm{i}\beta$	$y = \mathrm{e}^{\alpha x}(C_1 \cos\beta x + C_2 \sin\beta x)$

例 6.18 求微分方程 $y'' - 2y' - 3y = 0$ 的通解.

解 所给微分方程的特征方程为

$$r^2 - 2r - 3 = 0$$

即

$$(r + 1)(r - 3) = 0$$

其根 $r_1 = -1, r_2 = 3$ 是两个不相等的实根,因此所求通解为

$$y = C_1 \mathrm{e}^{-x} + C_2 \mathrm{e}^{3x}$$

例 6.19 求方程 $y'' + 2y' + y = 0$ 满足初始条件 $y|_{x=0} = 4, y'|_{x=0} = -2$ 的特解.

解 所给方程的特征方程为

$$r^2 + 2r + 1 = 0$$

即

$$(r + 1)^2 = 0$$

其根 $r_1 = r_2 = -1$ 是两个相等的实根,因此所给微分方程的通解为

$$y = (C_1 + C_2 x)\mathrm{e}^{-x}$$

将条件 $y|_{x=0} = 4$ 代入通解,得 $C_1 = 4$,从而

$$y = (4 + C_2 x)\mathrm{e}^{-x}$$

将上式对 x 求导,得

$$y' = (C_2 - 4 - C_2 x)\mathrm{e}^{-x}$$

再把条件 $y'|_{x=0} = -2$ 代入上式,得 $C_2 = 2$. 于是所求特解为

$$x = (4 + 2x)\mathrm{e}^{-x}$$

例 6.20 求微分方程 $y'' - 2y' + 5y = 0$ 的通解.

解 所给方程的特征方程为

$$r^2 - 2r + 5 = 0$$

特征方程的根为 $r_1 = 1 + 2\mathrm{i}, r_2 = 1 - 2\mathrm{i}$,是一对共轭复根,
因此所求通解为

$$y = \mathrm{e}^x(C_1 \cos 2x + C_2 \sin 2x)$$

方程

$$y^{(n)} + p_1 y^{(n-1)} + p_2 y^{(n-2)} + \cdots + p_{n-1} y' + p_n y = 0$$

称为 **n 阶常系数齐次线性微分方程**,其中,$p_1, p_2, \cdots, p_{n-1}, p_n$ 都是常数.

二阶常系数齐次线性微分方程所用的方法以及方程的通解形式,可推广到 n 阶常系数齐次线性微分方程上去.

引入微分算子 D,及微分算子的 n 次多项式:

$$L(D) = D^n + p_1 D^{n-1} + p_2 D^{n-2} + \cdots + p_{n-1} D + p_n$$

则 n 阶常系数齐次线性微分方程可记作

$$(D^n + p_1 D^{n-1} + p_2 D^{n-2} + \cdots + p_{n-1} D + p_n)y = 0 \quad \text{或} \quad L(D)y = 0$$

注 D 叫作微分算子,$D^0 y = y, Dy = y', D^2 y = y'', D^3 y = y''', \cdots, D^n y = y^{(n)}$.

分析 令 $y = e^{rx}$,则

$$L(D)y = L(D)e^{rx} = (r^n + p_1 r^{n-1} + p_2 r^{n-2} + \cdots + p_{n-1} r + p_n)e^{rx} = L(r)e^{rx}$$

因此如果 r 是多项式 $L(r)$ 的根,则 $y = e^{rx}$ 是微分方程 $L(D)y = 0$ 的解.

n 阶常系数齐次线性微分方程的特征方程:

$$L(r) = r^n + p_1 r^{n-1} + p_2 r^{n-2} + \cdots + p_{n-1} r + p_n = 0$$

称为**微分方程 $L(D)y = 0$ 的特征方程**.

根据特征方程的根,可以写出其对应的微分方程的解如下:

(1) 单实根 r 对应于一项:Ce^{rx};

(2) 一对单复根 $r_{1,2} = \alpha \pm i\beta$ 对应于两项:$e^{\alpha x}(C_1 \cos\beta x + C_2 \sin\beta x)$;

(3) k 重实根 r 对应于 k 项:$e^{rx}(C_1 + C_2 x + \cdots + C_k x^{k-1})$;

(4) 一对 k 重复根 $r_{1,2} = \alpha \pm i\beta$ 对应于 $2k$ 项:

$$e^{\alpha x}\big[(C_1 + C_2 x + \cdots + C_k x^{k-1})\cos\beta x + (D_1 + D_2 x + \cdots + D_k x^{k-1})\sin\beta x\big]$$

这样就得到 n 阶常系数齐次线性微分方程的通解

$$y = C_1 y_1 + C_2 y_2 + \cdots + C_n y_n$$

例 6.21 求方程 $y^{(4)} - 2y''' + 5y'' = 0$ 的通解.

解 这里的特征方程为

$$r^4 - 2r^3 + 5r^2 = 0$$

即

$$r^2(r^2 - 2r + 5) = 0$$

它的根是 $r_1 = r_2 = 0$ 和 $r_{3,4} = 1 \pm 2i$.

因此所给微分方程的通解为

$$y = C_1 + C_2 x + e^x(C_3 \cos 2x + C_4 \sin 2x)$$

例 6.22 求方程 $\dfrac{d^4 w}{dx^4} + \beta^4 w = 0$ 的通解,其中,$\beta > 0$.

解 这里的特征方程为

$$r^4 + \beta^4 = 0$$

它的根为 $r_{1,2} = \dfrac{\beta}{\sqrt{2}}(1 \pm i), r_{3,4} = -\dfrac{\beta}{\sqrt{2}}(1 \pm i)$.

因此所给微分方程的通解为

$$w = e^{\frac{\beta}{\sqrt{2}}x}\left(C_1 \cos\frac{\beta}{\sqrt{2}}x + C_2 \sin\frac{\beta}{\sqrt{2}}x\right) + e^{-\frac{\beta}{\sqrt{2}}x}\left(C_3 \cos\frac{\beta}{\sqrt{2}}x + C_4 \sin\frac{\beta}{\sqrt{2}}x\right)$$

6.5.3 常系数非齐次线性微分方程

本节着重讨论二阶常系数非齐次线性微分方程的解法.

方程

$$y'' + py' + qy = f(x)$$

如果 $f(x)$ 不恒为零,上述方程称为**二阶常系数线性非齐次方程**,其中,p,q 是常数.

二阶常系数非齐次线性微分方程的通解是对应的齐次方程的通解 $y = Y(x)$ 与非齐次方程本身的一个特解 $y = y^*(x)$ 之和:

$$y = Y(x) + y^*(x)$$

本节只介绍方程右端 $f(x)$ 取如下两种常见形式时,求 $y^*(x)$ 的方法.

1. $f(x) = P_m(x)e^{\lambda x}$ 型

对于 $f(x) = P_m(x)e^{\lambda x}$ 型,其中 λ 是常数,$P_m(x)$ 是 x 的 m 次多项式:

$$P_m(x) = a_0 x^m + a_1 x^{m-1} + \cdots + a_{m-1}x + a_m$$

当 $f(x) = P_m(x)e^{\lambda x}$ 时,可以猜想,方程的特解也应具有这种形式.

下面用**待定系数法**求微分方程

$$y'' + py' + qy = P_m(x)e^{\lambda x} \tag{6.3}$$

的一个特解.

因为式(6.3)的右端 $f(x)$ 是多项式 $P_m(x)$ 与指数函数 $e^{\lambda x}$ 的乘积,而多项式与指数函数之积的导数仍为多项式与指数函数之积,联系到方程(6.3)左端的系数均为常数的特点,它的特解 y^* 也应该是多项式与指数函数之积.因此设 $y^* = Q(x)e^{\lambda x}$(其中,$Q(x)$ 是 x 的待定多项式)是方程(6.3)的特解.则有

$$y^{*\prime} = e^{\lambda x}[Q'(x) + \lambda Q(x)],$$
$$y^{*\prime\prime} = e^{\lambda x}[Q''(x) + 2\lambda Q'(x) + \lambda^2 Q(x)]$$

将 y^*,$y^{*\prime}$,$y^{*\prime\prime}$ 代入式(6.3)并约去 $e^{\lambda x}$,得

$$Q''(x) + (2\lambda + p)Q'(x) + (\lambda^2 + p\lambda + q)Q(x) = P_m(x) \tag{6.4}$$

(1) 当 λ 不是特征方程 $r^2 + pr + q = 0$ 的根时,即 $\lambda^2 + p\lambda + q \neq 0$,要使式(6.4)的两端恒等,$Q(x)$ 必须与 $P_m(x)$ 同次,因此可设 $Q(x)$ 为另一个 m 次多项式 $Q_m(x)$:

$$Q_m(x) = b_0 x^m + b_1 x^{m-1} + \cdots + b_{m-1}x + b_m (b_i(i = 0, 1, \cdots, m))$$

然后将所设特解 $y^* = Q_m(x)e^{\lambda x}$ 代入式(6.3),并通过比较两端 x 的同次幂系数来确定 $b_i(i = 0, 1, \cdots, m)$.

(2)当 λ 是特征方程 $r^2 + pr + q = 0$ 的单根时,则必有 $\lambda^2 + p\lambda + q = 0$ 而 $2\lambda + p \neq 0$,此时要使式(6.4)两端恒等,$Q'(x)$ 必须是 m 次多项式,从而 $Q(x)$ 是 $m+1$ 次多项式,因此可设 $Q(x) = xQ_m(x)$(其中,$Q_m(x)$ 为 m 次待定多项式).然后将所设特解 $y^* = xQ_m(x)e^{\lambda x}$ 代入方程(6.3),并用与(1)同样的方法确定 $Q_m(x)$ 的系数 $b_i(i = 0, 1, \cdots, m)$.

(3) 当 λ 是特征方程 $r^2 + pr + q = 0$ 的二重根时,则必有 $\lambda^2 + p\lambda + q = 0$ 且 $2\lambda + p = 0$,此时要使式(6.4)两端恒等,$Q''(x)$ 必须是 m 次多项式,从而 $Q(x)$ 是 $m+2$ 次多项式,因此可设 $Q(x) = x^2 Q_m(x)$(其中,$Q_m(x)$ 为 m 次待定多项式).然后将所设特解 $y^* = x^2 Q_m(x)e^{\lambda x}$ 代入方程(6.3),并用与(1)同样的方法确定 $Q_m(x)$ 的系数 $b_i(i = 0, 1, \cdots, m)$.

综上所述,我们有如下结论:

二阶常系数线性齐次微分方程

$$y'' + py' + qy = P_m(x)e^{\lambda x}$$

有如下形式的特解：

$$y^* = x^k Q_m(x) e^{\lambda x}$$

其中，$Q_m(x)$ 是与 $P_m(x)$ 同次（m 次）的多项式，而按 λ 不是特征方程的根、是特征方程的单根或是特征方程的二重根，k 分别取 0，1 或 2.

　　例 6.23　求微分方程 $y'' - 5y' + 6y = x e^{2x}$ 的特解.

　　解　所给方程是二阶常系数非齐次线性微分方程，且 $f(x)$ 是 $P_m(x)e^{\lambda x}$ 型（$P_m(x) = x，\lambda = 2$）.则与所给方程对应的齐次方程为

$$y'' - 5y' + 6y = 0$$

　　它的特征方程为

$$r^2 - 5r + 6 = 0$$

解得特征方程有两个实根 $r_1 = 2，r_2 = 3$.

　　由于 $\lambda = 2$ 是特征方程的单根，所以应设方程的特解为

$$y^* = x(b_0 x + b_1)e^{2x}$$

把它代入所给方程，得

$$-2b_0 x + 2b_0 - b_1 = x$$

比较两端 x 同次幂的系数，得

$$\begin{cases} -2b_0 = 1 \\ 2b_0 - b_1 = 0 \end{cases}，\quad -2b_0 = 1，2b_0 - b_1 = 0$$

由此求得 $b_0 = -\dfrac{1}{2}，b_1 = -1$.于是求得所给方程的一个特解为

$$y^* = x\left(-\frac{1}{2}x - 1\right)e^{2x}$$

　　例 6.24　求微分方程 $y'' + 5y' + 4y = 4x^2 + 10x + 1$ 的一个特解.

　　解　因为方程右端 $f(x) = 3x^2 + 1$，属于 $P_2(x)e^{\lambda x}$ 型，其中，$P_2(x) = 4x^2 + 10x + 1，\lambda = 0$，且 $\lambda = 0$ 不是特征方程 $r^2 + 5r + 4 = 0$ 的根，所以可设特解为

$$y^* = b_0 x^2 + b_1 x + b_2$$

因而有 $y^{*'} = 2b_0 x + b_1，y^{*''} = 2b_0$，将 $y^*，y^{*'}，y^{*''}$ 代入原方程并整理，得

$$4b_0 x^2 + (10b_0 + 4b_1)x + (2b_0 + 5b_1 + 4b_2) = 4x^2 + 10x + 1$$

比较两端 x 同次幂的系数，有

$$\begin{cases} 4b_0 = 4 \\ 10b_0 + 4b_1 = 0 \\ 2b_0 + 5b_1 + 4b_2 = 1 \end{cases}$$

解之得 $b_0 = 1，b_1 = 0，b_2 = -\dfrac{1}{4}$

　　所以原方程的特解为 $y^* = x^2 - \dfrac{1}{4}$.

　　例 6.25　求微分方程 $y'' + 6y' + 9y = 6x e^{-3x}$ 的通解.

　　解　（1）先求对应齐次方程的通解

　　因为特征方程 $r^2 + 6r + 9 = 0$ 有两个相等的实根 $r_1 = r_2 = -3$，所以对应齐次方程的

通解为

$$Y = (C_1 + C_2 x) e^{-3x}$$

（2）求非齐次方程的一个特解

因为方程右端 $f(x) = 6x e^{-3x}$，属于 $P_1(x) e^{\lambda x}$ 型，其中，$P_1(x) = 6x$，$\lambda = -3$，且 $\lambda = -3$ 是特征方程的二重根，故设特解为

$$y^* = x^2 (b_0 x + b_1) e^{-3x}$$

因而有 $y^{*\prime} = [-3b_0 x^3 + (3b_0 - 3b_1) x^2 + 2b_1 x] e^{-3x}$，

$$y^{*\prime\prime} = [9b_0 x^3 + (-18b_0 + 9b_1) x^2 + (6b_0 - 12b_1) x + 2b_1] e^{-3x}$$

将 $y^*, y^{*\prime}, y^{*\prime\prime}$ 代入原方程并整理，得

$$6b_0 x + 2b_1 = 6x$$

比较两端 x 同次幂的系数，得 $b_0 = 1, b_1 = 0$.

于是特解为

$$y^* = x^3 e^{-3x}$$

所以原方程的通解为

$$y = (C_1 + C_2 x + x^3) e^{-3x}$$

2. $f(x) = e^{\lambda x} [P_l(x) \cos \omega x + P_n(x) \sin \omega x]$ 型

对于 $f(x) = e^{\lambda x} [P_l(x) \cos \omega x + P_n(x) \sin \omega x]$ 型，其中，λ, ω 为常数，$P_l(x), P_n(x)$ 分别是 x 的 l 次，n 次多项式，并且其中有一个可以为零.

我们可以推导出这种类型的二阶常系数非齐次微分方程的特解的形式.

方程 $y'' + py' + qy = e^{\lambda x} [P_l(x) \cos \omega x + P_n(x) \sin \omega x]$ 的特解形式：

应用欧拉公式可得

$$e^{\lambda x} [P_l(x) \cos \omega x + P_n(x) \sin \omega x]$$

$$= e^{\lambda x} \left[P_l(x) \frac{e^{i\omega x} + e^{-i\omega x}}{2} + P_n(x) \frac{e^{i\omega x} - e^{-i\omega x}}{2i} \right]$$

$$= \frac{1}{2} [P_l(x) - i P_n(x)] e^{(\lambda + i\omega) x} + \frac{1}{2} [P_l(x) + i P_n(x)] e^{(\lambda - i\omega) x}$$

$$= P(x) e^{(\lambda + i\omega) x} + \bar{P}(x) e^{(\lambda - i\omega) x}$$

其中，$P(x) = \frac{1}{2} (P_l - P_n i)$，$\bar{P}(x) = \frac{1}{2} (P_l + P_n i)$ 而 $m = \max\{l, n\}$.

设方程 $y'' + py' + qy = P(x) e^{(\lambda + i\omega) x}$ 的特解为 $y_1^* = x^k Q_m(x) e^{(\lambda + i\omega) x}$，则 $\bar{y}_1^* = x^k \bar{Q}_m(x) e^{(\lambda - i\omega)}$ 必是方程 $y'' + py' + qy = \bar{P}(x) e^{(\lambda - i\omega)}$ 的特解，其中，k 按 $\lambda \pm i\omega$ 不是特征方程的根或是特征方程的根依次取 0 或 1.

于是方程 $y'' + py' + qy = e^{\lambda x} [P_l(x) \cos \omega x + P_n(x) \sin \omega x]$ 的特解为

$$y^* = x^k Q_m(x) e^{(\lambda + i\omega) x} + x^k \bar{Q}_m(x) e^{(\lambda - i\omega) x}$$

$$= x^k e^{\lambda x} [R_m^{(1)}(x) \cos \omega x + R_m^{(2)}(x) \sin \omega x]$$

综上所述，我们有如下结论：

如果 $f(x) = e^{\lambda x} [P_l(x) \cos \omega x + P_n(x) \sin \omega x]$，则二阶常系数非齐次线性微分方程

$$y'' + py' + qy = f(x)$$

的特解可设为

$$y^* = x^k \mathrm{e}^{\lambda x}\big[R_m^{(1)}(x)\cos\omega x + R_m^{(2)}(x)\sin\omega x\big]$$

其中，$R_m^{(1)}(x), R_m^{(2)}(x)$ 是 m 次多项式，$m = \max\{l, n\}$，而 k 按 $\lambda + \mathrm{i}\omega$（或 $\lambda - \mathrm{i}\omega$）不是特征方程的根或是特征方程的单根依次取 0 或 1.

例 6.26　求微分方程 $y'' + 3y' + 2y = \mathrm{e}^{-x}\sin x$ 的一个特解.

解　方程右端 $f(x) = \mathrm{e}^{-x}\cos x$ 属于 $\mathrm{e}^{\lambda x}\big[P_l(x)\cos\omega x + P_n(x)\sin\omega x\big]$ 型，其中，$P_l(x) = 0, P_n(x) = 1, \omega = 1, \lambda = -1$，因为原方程对应的齐次方程的特征方程 $r^2 + 3r + 2 = 0$ 的根为 $r_1 = -1, r_2 = -2$，故 $\lambda + \mathrm{i}\omega = -1 + \mathrm{i}$ 不是特征方程的根，所以可设特解为

$$y^* = \mathrm{e}^{-x}(a\cos x + b\sin x)$$

因而有

$$y^{*\,\prime} = \mathrm{e}^{-x}\big[(b - a)\cos x + (-a - b)\sin x\big]$$
$$y^{*\,\prime\prime} = \mathrm{e}^{-x}\big[-2b\cos x + 2a\sin x\big]$$

将 $y^*, y^{*\,\prime}, y^{*\,\prime\prime}$ 代入原方程并整理，得

$$(b - a)\cos x - (a + b)\sin x = \sin x$$

比较两端 x 同次幂的系数，有 $\begin{cases} b - a = 0 \\ a + b = 1 \end{cases}$，解之得 $a = \dfrac{1}{2}, b = \dfrac{1}{2}$.

故原方程的特解为

$$y^* = \mathrm{e}^{-x}\left(\frac{1}{2}\cos x + \frac{1}{2}\sin x\right)$$

习　题　6.5

1．求下列微分方程的通解：

(1) $y'' + 5y' + 6y = 0$；　　　　　　　　　(2) $y'' - 4y' + 13y = 0$；

(3) $y'' - 2y' + y = 0$；　　　　　　　　　(4) $y'' - 9y = 0$；

(5) $y'' + 9y = 0$；　　　　　　　　　　　(6) $4y'' - 8y' + 5y = 0$.

2．求下列微分方程满足初始条件下的特解：

(1) $y'' + 4y' + 4y = 0, y|_{x=0} = 1, y'|_{x=0} = 0$；

(2) $y'' - 4y' + 3y = 0, y|_{x=0} = 6, y'|_{x=0} = 0$；

(3) $y'' + 4y = 0, y|_{x=0} = 2, y'|_{x=0} = 6$.

3．求下列微分方程的通解：

(1) $2y'' + y' - y = 2\mathrm{e}^x$；　　　　　　　(2) $2y'' + 5y' = 5x^2 - 2x - 1$；

(3) $y'' + 5y' + 6y = \mathrm{e}^{3x}$；　　　　　　　(4) $y'' + y = x + \mathrm{e}^x$.

4．设函数 $y(x)$ 满足 $y'(x) = 1 + \displaystyle\int_0^x \big[6\sin^2 t - y(t)\big]\mathrm{d}t, y(0) = 1$，求 $y(x)$.

5．微分方程 $y\mathrm{d}x + (x - 3y^2)\mathrm{d}y = 0$ 满足条件 $y|_{x=1} = 1$ 的解为 $y = $ _____.

6．微分方程 $y' + y = \mathrm{e}^{-x}\cos x$ 满足条件 $y(0) = 0$ 的解为 $y = $ _____.

7．3 阶常系数线性齐次微分方程 $y''' - 2y'' + y' - 2y = 0$ 的通解 $y = $ _____.

8. 设 $y = y(x)$ 是由方程 $xy + \mathrm{e}^y = x + 1$ 确定的隐函数，则 $\dfrac{\mathrm{d}^2 y}{\mathrm{d}x^2}\Big|_{x=0} = $ _____ .

9. 微分方程 $(y + x^2 \mathrm{e}^{-x})\mathrm{d}x - x\mathrm{d}y = 0$ 的通解是 $y = $ _____ .

10. 二阶常系数非齐次微分方程 $y'' - 4y' + 3y = 2\mathrm{e}^{2x}$ 的通解为 $y = $ _____ .

11. 微分方程 $y' = \dfrac{y(1-x)}{x}$ 的通解是 _____ .

12. 设函数 $y = y(x)$ 由方程 $y = 1 - x\mathrm{e}^y$ 确定，则 $\dfrac{\mathrm{d}y}{\mathrm{d}x}\Big|_{x=0} = $ _____ .

13. 微分方程 $xy' + 2y = x\ln x$ 满足 $y(1) = -\dfrac{1}{9}$ 的解为 _____ .

14. 微分方程 $(y + x^3)\mathrm{d}x - 2x\mathrm{d}y = 0$ 满足 $y\big|_{x=1} = \dfrac{6}{5}$ 的特解为 _____ .

参 考 文 献

［1］ 姜天卓,李淑文.数学类高等教育国家级教学成果奖的实证分析[J].数学教育学报,2024,33（03）:71-76.

［2］ 龙珠,陈祥伟,董波.工科数学实验教学体系融合思政的研究与探索[J].实验室研究与探索,2023,42(11):216-219.

［3］ 李丹.高等数学课程思政建设探索[J].中学政治教学参考,2023(34):92-93.

［4］ 张鹏.高等数学教学中思政元素的挖掘策略[J].教育理论与实践,2023,43(18):48-50.

［5］ 王辉宇.高等数学在农业大数据分析中的应用[J].中国果树,2021(05):115.

［6］ 吴水艳.高等数学在水利工程中的应用:评《水利工程概论》[J].灌溉排水学报,2022,41（10）:156.

［7］ 周芬.机械类专业高等数学教学改革[J].铸造,2022,71(10):1339.

［8］ 段桂花.高等数学在化工类专业中的教学改革分析:评《高等化工数学》[J].塑料工业,2022,50（05）:207.

［9］ 崔俊明,邓泽民.我国高职高等数学教学研究综述[J].职教论坛,2021,37(10):72-77.

［10］ 禹旺勋,王爱菊.高等数学在乡村旅游营销大数据中的应用研究[J].中国果树,2021(10):127.

［11］ 李慧平,丁万龙,赵建丽,等.高等数学[M].北京:北京师范大学出版社,2022.

［12］ 沈世云,朱伟.高等数学[M].重庆:重庆大学出版社,2020.

［13］ 田祥.高等数学[M].北京:中国水利水电出版社,2018.

［14］ 王顺凤,吴亚娟,孟祥瑞,等.高等数学[M].南京:南京东南大学出版社,2017.

［15］ 张甜,陈勤.高等数学[M].南京:南京大学出版社,2017.

［16］ 周海青,陈玉清.高等数学[M].南京:南京大学出版社,2017.

［17］ 张程,梁海峰,尧雪莉,等.高等数学学习指导[M].北京:中国水利水电出版社,2017.

［18］ 尧雪莉,胡艳梅,梁海峰,等.高等数学[M].北京:中国水利水电出版社,2017.

［19］ 陈仲,范红军.高等数学[M].南京:南京大学出版社,2017.

［20］ 刘忠东,罗贤强,黄璇,等.高等数学[M].重庆:重庆大学出版社,2015.

［21］ 饶峰,刘磊.高等数学[M].南京:南京大学出版社,2017.

［22］ 刘浪,马俊.医学高等数学[M].北京:人民邮电出版社,2015.

［23］ 穆春来.高等数学[M].重庆:重庆大学出版社,2016.

［24］ 余英,李坤琼,汤华丽,等.应用高等数学(工科类)[M].重庆:重庆大学出版社,2015.

［25］ 燕长轩,郭洪奇,周凤杰.应用高等数学(工科类)习题册[M].重庆:重庆大学出版社,2015.

［26］ 谢孝权,刘双,洪川,等.应用高等数学(工科类)习题册[M].重庆:重庆大学出版社,2015.